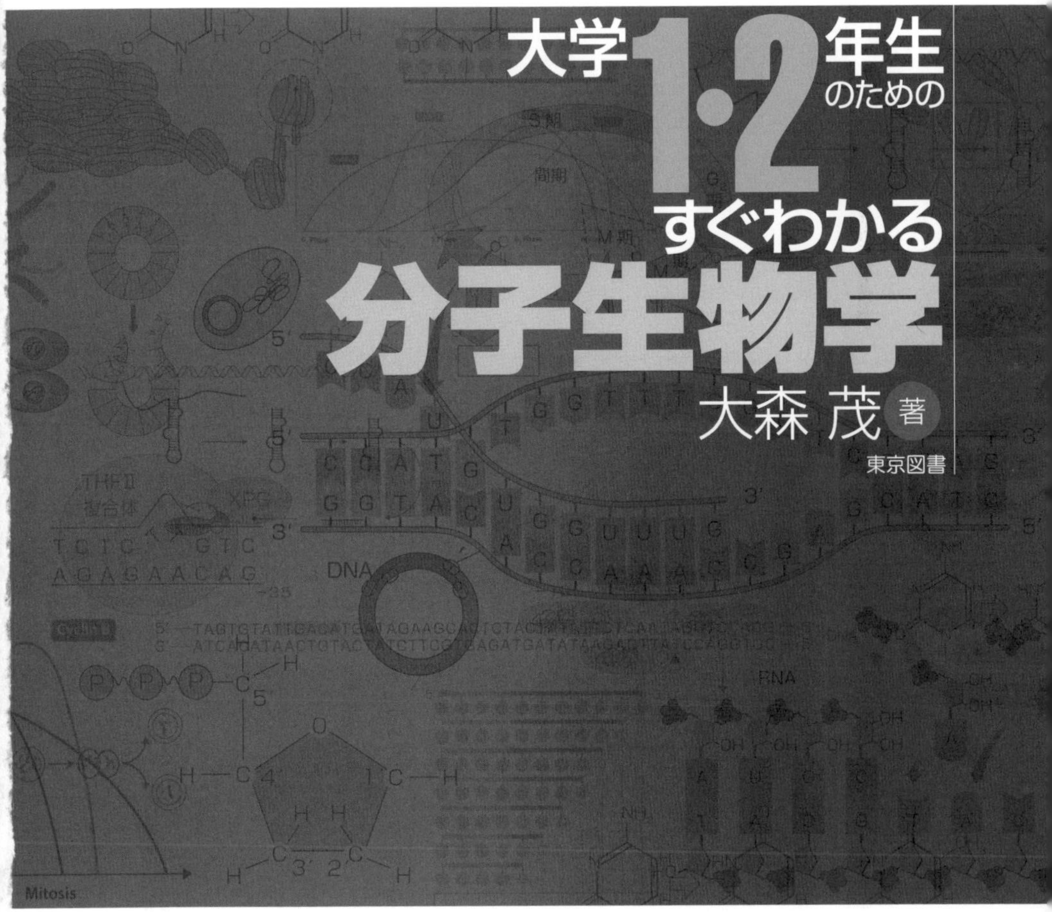

大学1・2年生のための すぐわかる 分子生物学

大森 茂 著

東京図書

装幀● 岡孝治
イラスト● 小嶋美澄，つだゆみ，桑原小梅

はじめに

混沌とした現代において，分子生物学は何に貢献でき，現代の生物学が抱える疑問をどのように解明し，何をわれわれにもたらしてくれるのでしょうか？

これを知るために，分子生物学とは何かを知る必要があります。分子生物学は生物を構成する分子の形態がどのように進化し，利用され，分化するのかを，おもに三次元的，構造的，かつ機能的に把握しようとする立場であると考えられます。

とりわけ，遺伝子に関する研究において，細胞の世代から世代へと遺伝情報が移され，遺伝形質が発現する仕組みを分子的に明らかにしようとする研究で，遺伝情報がどのようにして分子に担われているかという問題を考えてきたのです。

今でこそ遺伝子がDNAであることは周知の事実ですが，それが解明されるまでに多くの研究がなされてきました。遺伝子といわれても実体のないものでしたが，それを解明しようとしたのが20世紀の学問であったように思われます。特に20世紀の前半は遺伝子とはなにか？ その実体を確かめる研究に多くの時間が費やされてきました。この研究の歴史を知ることが，今後遭遇する未知なるものの実体をとらえるうえで，多くのヒントをわれわれに与えてくれます。

また，遺伝子の実体がDNAであることを知りえても，それがどのように形質発現につながるかがわからないので，その過程の解明が20世紀後半の分子生物学の課題となったのです。遺伝情報は，現在の生きている生物に発現してさまざまな形質の変化や環境への適応をもたらします。

それ以外にも，子孫にその遺伝情報を伝えるという時空を超えてのはたらきもあります。この2つの側面（形質発現と情報を伝えるという側面）をとらえて，遺伝子が必要なときに必要な情報を発現する能力がどのようにして得られたのか，さらにそれがどのように子孫に伝わるかを解明することが分子生物学の課題となったのです。

分子生物学は，多方面に役立っています。生体防御を扱う免疫の分野や，発生学の分野では，時間軸に応じて発現する遺伝子を調節するタンパク質が存在することがわかってきました。また，光合成や植物ホルモンを扱う植物生理学の分野にも分子生物学の考え方が多数取り入れられています。

系統分類などの分類学でも分子系統樹の作製で，塩基配列やアミノ酸配列の変異による種分化の道筋が明らかにされています。

分子生物学を学ぶことは生物学の基本的な考えを学ぶことであり，生物の本質に近づくことになります。分子生物学がもつ多様な面を本書で味わってもらえたら幸いです。

本書の編集にあたり，その作業の細かなチェックをしてくださった編集部の清水様，渡邊様，本書中の人物のイラスト作成に携わっていただきました小嶋美澄様，つだゆみ様，桑原小梅様に心より感謝いたします。

2022年7月　大森　茂

目次

はじめに iii

分子生物学の研究史 x

ノーベル生理学・医学賞受賞者（2000 年～ 2021 年） xvii

SECTION 1 分子生物学の夜明け 1

1 遺伝物質 2
遺伝子への疑問／遺伝子の基礎研究となったもの／先天性代謝異常という考え方の登場／アカパンカビのアルギニン合成経路と酵素および遺伝子の関係

2 DNA が遺伝子の本体であることを示した 2 つの実験 10
肺炎球菌／バクテリオファージの実験／遺伝子＝DNA

3 DNA の研究 22
DNA の構造／RNA の構造／**Column**〈大きさの接頭語〉

4 らせん構造の特定 27
研究成果／ノーベル賞へ

5 DNA 鎖 35
二重らせん／DNA 塩基の配列とタンパク質／フランクリンの研究成果／遺伝子情報の伝達

6 DNA の複製 41
DNA の複製（replication of DNA）／保存的複製と半保存的複製と分散的複製／DNA の複製起点

7 岡崎フラグメント 48
研究の経緯／**Column**〈コールド・スプリング・ハーバー研究所〉／**Column**〈新型コロナウイルス〉

8 DNA の複製方向 51
DNA の複製方向（replication direction）リーディング鎖とラギング鎖／化学的模式図（chemical schematic diagrams）

9 DNA の複製のしくみ 55
真核生物の場合／テロメア，テロメラーゼ

10 近年の分子生物学 58
分子生物学の発展／ゲノムの解析／ミトコンドリアの役割と研究成果の発展／新たな倫理コードの確立／**Column**〈ミトコンドリアゲノム（mitochondrial genome）〉

SECTION 2 細胞周期の調節 61

1 細胞周期 62
細胞周期の概説

2 周期を活性化させるもの 66
細胞周期の制御／サイクリンのはたらき／細胞周期を制御するしくみ

3 DNA の損傷時にはたらくもの 74
DNA 修復の種類

4 細胞の分化 77
細胞の分化にともなう遺伝子

5 クローン騒動 79
全能性を備えたクローンの登場

6 再生医療への道 82
幹細胞の種類／臨床での状況

SECTION 3 遺伝情報の流れ 85

1 遺伝情報の基本原則とは 86
DNA とタンパク質の関係／プロセスの詳細

2 ポリメラーゼ 89
RNA ポリメラーゼの詳細／DNA ポリメラーゼと RNA ポリメラーゼ

3 転　写 93
プロモーターとターミネーターの役割／転写開始時の特徴／
Column〈プリブナウ配列（pribunau array)〉

4 配列（イントロン） 97
転写〜配列（イントロン）〜スプライシングの流れ

5 mRNA のはたらき 100
mRNA の特徴／真核生物の転写・スプライシング・翻訳の過程

6 タンパク質の合成 104
遺伝子発現の最終段階／rRNA の種類／理解度を見る復習課題

7 リボソーム 111
真核生物のリボソーム／tRNA 結合部位／**Column**〈ペプチドとタンパク質〉

8 タンパク質のフォールディング（protein folding）と輸送 115
翻訳後のタンパク質に何が起こるのだろうか？／合成されたタンパク質分解系

SECTION 4 **遺伝情報の転写と暗号解読** 119

1 遺伝暗号 120
遺伝暗号の解読（decryption of genetic code）／コドンの解明／転写と翻訳

2 真核生物の転写後の修飾 127
RNA プロセシング（RNA processing）／2つの配列／CDS と ORF／
翻訳されない領域／転写の調整と終結／「シス」と「トランス」

3 RNA と生命の起源 133
RNA ワールド／タンパク質ワールド

SECTION 5 **遺伝子発現の調節** 135

1 原核生物の転写調節（transcriptional regulation in prokaryotes） 136
大腸菌の酵素合成の誘導（induction of enzyme synthesis）／正負の調節

2 真核生物の発現調節（regulation of gene expression in eukaryotes） 141
発現調節／転写調節／mRNA／クロマチン構造／
ユークロマチンとヘテロクロマチン（euchromatin and heterochromatin）

3 ノンコーディング RNA 147
ノンコーディング RNA の重要性／small RNA のうちの miRNA（microRNA）／
RNA 干渉（RNA interference）／その他のノンコーディング RNA／
2020 年代のゲノム編集

SECTION 6 **ゲノムの分析** 153

1 ゲノム（Genome） 154
ゲノム

2 ヒトゲノム（Human Genome） 156
解読速度と解析機器の開発について

3 DNA の配列 159
ヒトゲノムとは

4 ゲノムについて 161
ゲノムの構造／転移因子

5 さまざまな性質を持つ遺伝子 165
始まりはたった１つの遺伝子コピーミス

6 iPS 細胞の研究 168
iPS 細胞の作成について／ヒト iPS 細胞作成までの熾烈な競争／エピソーム

SECTION 7 DNA のクローニングと塩基配列の決定

173

1 クローニング（cloning） 174
遺伝子クローニング（gene cloning）

2 遺伝子導入細胞 176
遺伝子導入細胞の選別／DNA 切断ツール（DNA scission tool）

3 ゲノムライブラリーとクローニング 180
目的の遺伝子を増殖させるために

4 遺伝子操作 182
大きさを決める遺伝子の発見／ポリメラーゼ連鎖反応法

5 遺伝情報を読む 185
電気泳動法について／DNA 塩基対の解析／
DNA 解析の手順（procedure of genome analysis）

6 ジデオキシ法について 191
ジデオキシ法の概念／ジデオキシ法による読み取り方

SECTION 8 ゲノム編集 ――分子生物学の応用

201

1 DNA 研究の新時代 202
DNA の検出法／RNA の検出法／タンパク質の検出法

2 遺伝子の組換え 205
遺伝子組換えとは／遺伝子操作に必要なもの／遺伝子導入

3 ノーベル賞 215
ゲノム編集／CRISPR-Cas9

4 オミクス 218
全体像を見る研究

5 DNA 解析技術の発展による恩恵 220
DNA 鑑定による人物特定／DNA 鑑定の問題点／医療分野への貢献／
非メンデル遺伝／次世代シークエンサー技術の発展がもたらしたもの

索引 228

分子生物学の研究史

1944	アベリーらが形質転換を起こす物質がDNAであることを発見
1952	ハーシーとチェイスがバクテリオファージの遺伝物質がDNAであることを発見*1
1953	ワトソンとクリックがDNAの二重らせん構造を発表*2
1954	イーグル細胞培養液が開発される
1958	メセルソンとスタールがDNAの複製が半保存的に行われることを証明
1961	ジャコブとモノーが大腸菌を用いてオペロン説を提唱*3
1961	ニーレンバーグとマッタイが遺伝暗号解読の端緒を開く
1961～65	ニーレンバーグ，オチョア，コラーナが遺伝暗号を解読*4
1967	DNAをつなげる酵素リガーゼの発見*5
1970	アルバーとスミスが制限酵素を発見*6

***1** T系ファージは核酸と外殻タンパク質からなるが，ファージが細菌に感染したとき，核酸だけが細胞内に入り，外殻タンパク質は細胞表面に付着したままで細胞内に入らないことから，核酸が遺伝子の本体であることを示した。

***2** ワトソン25歳，クリック36歳であった。『ネイチャー』にDNA二重らせん「double helix」構造を発表。遺伝子時代の幕開けとなる。1962年にノーベル賞受賞。

***3** オペロン説は遺伝子発現の調節機構として提唱された。ジャコブとモノーは，リプレッサーを生産する調節遺伝子，リプレッサーが結合するオペレーター，構造遺伝子の発現を作動させるプロモーターという機構を考えた。そして誘導物質とオペレーターが結合すると，リプレッサーがオペレーターに結合しなくなる原理としてアロステリックな構造変化を想定し，実証した。

***4** コラーナの業績としては，DCC法によるデオキシリボース型のヌクレオシドリン酸化法があげられる。ニーレンバーグはポリUの添加（UUUUUU…）によってポリフェニルアラニンができることを示した。この結果，UUUはフェニルアラニンを指定するコドンであることを証明した。オチョアはアラニンtRNAのDNAを合成し，これを鋳型にしてアラニンtRNAを合成した。

これら3人の研究の結果，DNAがRNAを介してタンパク質のアミノ酸の配列を決めることが実証され，その遺伝暗号が解明された。遺伝暗号はオーバーラップしない3塩基であり，5'側から3'側に読み込まれることが明らかになった。

***5** DNAリガーゼはin vivoではラギング鎖のニックを埋めたり，DNAが損傷を受けたとき，修復過程ではたらいている。

***6** アルバーの業績は，制限酵素とDNAメチル基転移酵素を発見したこと。また，制限酵素がDNAの特定の塩基配列を識別することを発見した。スミスは特定の塩基配列を識別し，その塩基配列または付近を切断するII型制限酵素（Hind II）を発見した。

***7** ネイサンズの業績としては，II型制限酵素はDNAの特定の塩基配列を切断できるから，このII型制限酵素による制限酵素切断地図をつくればDNA中の遺伝子の物理的位置を示す指標になることを示したことがあげられる。バーグはウイルスをベクターにして，これに外来のDNA断片を組み込ませ，細胞に感染させることにより異種の遺伝子を細胞内に入れ，その遺伝子を発現させる技術を確立させた。つまり，組換えDNAの基本技術を提供した点で重要である。

***8** ラウスの業績は，肉腫ウイルス（RSV）を発見し，RSVがニワトリに肉腫を発生させることを示したことである。当時はウイルスによるがん化のメカニズムは不明であったが，ウイルスががん化の少なくとも一つの原因であることを示した。一方，ダルベッコは腫瘍ウイルスが細胞

めざましい進歩が現代の分子生物学の発展をもたらす

1972	ネイサンズとバーグが制限酵素を遺伝子工学へ応用[*7]
1973	ラウス，ダルベッコらががんウイルスと遺伝子の相互作用を発見[*8]
1973	コーエン博士とボイヤーがDNAを組み換える方法を発見[*9]
1975	シャープとロバーツによる分断遺伝子の発見[*10]
1977	利根川進博士が抗体をつくる遺伝子の構造を解明[*11]
1977	サンガーとギルバートがDNAの塩基配列決定法(シークエンス法)を開発[*12]
1982	遺伝子組換えを起こした生物個体（トランスジェニックアニマル）がつくりだされる[*13]
1983	チェックとアルトマンによるRNAの触媒機能の発見[*14]
1983	ビショップとバーマスが，がん遺伝子が細胞起源であることを発見[*15]

の染色体に組み込まれることにより，その細胞ががん化するというメカニズムを提唱した。

＊9　大腸菌のDNAを酵素を用いて切り出し，そこに黄色ブドウ状球菌の遺伝子を組み入れることに成功した。この結果，人類ははじめて遺伝子操作が可能となった。

＊10　彼らの業績は，アデノウイルス2型の転写後のmRNA生成のメカニズムを調べた結果，分断遺伝子を発見したことである。この分断遺伝子から非常に長い前駆体RNAが転写され，プロセシングを受けて成熟mRNAができるという仮説を提唱した。

＊11　利根川博士は，遺伝子抗体の本体となる免疫グロブリンはBリンパ球が成長するにつれてDNAレベルでの再編成が行われて起こることを示した。

＊12　サンガーの業績は，インスリンのアミノ酸配列を決定したこと。哺乳類のミトコンドリアDNAの塩基配列を決め，核とは異なる特有の遺伝暗号があることを発見した。ギルバートの業績は，サンガー法とはちがうDNAの塩基配列決定法を開発したことである。

＊13　「動物のからだを大きくすることができるだろうか」という質問に答えたのが，まさにこれ。ペンシルベニア大学のブリンスターによって示された。ラットの成長ホルモンの遺伝子をマウスに導入したところ，このマウスが正常の2倍の大きさに育った。このマウスをスーパーマウスとよぶ。遺伝子導入された動物（トランスジェニックアニマル）の第1号である。

＊14　チェックとアルトマンの業績は，触媒機能はタンパク質が行うというそれまでの常識を変え，生命の多様性を示したところにある。また，生命の誕生はDNAやタンパク質ではなく，RNAから始まったという説の根拠を提示した。

＊15　ビショップとバーマスの業績は，がん遺伝子という特別な遺伝子があるのではなく，増殖に関与する遺伝子の変異により異常増殖の制御をはずれて細胞ががん化するという変異によるがん化と，ウイルスによるがん化の概念を統一した。

＊16　PCR法とはポリメラーゼ・チェイン・リアクションの略。DNAのある領域に特異的な配列をもつ上流と下流の2つのプライマー（数個から20個くらいまでの長さの塩基が連なったもの，一種のDNA断片）の間を特異的に大量に増やす方法。これにより，微量のDNAを特異的に大量に増やすことができるようになった。

プライマーは増幅した遺伝子と部分的に相補的な短いDNA断片(20塩基程度)である。DNAポリメラーゼはここを起点に複製を始める。プライマーを起点にDNA複製反応が起こる。これを30回繰り返すと，時間でいうと3時間程度で2の30乗，すなわち10億倍に増える。

＊17　主に細胞膜において膜を隔ててシグナル伝達にあずかるタンパク質のことをGタンパク質という。3量体(ヘテロトリマー)である。α，β，γのサブユニットか

1985	マリスがPCR法を解明[*16]
1987	ギルマンとロッドベルによるGタンパク質とその細胞内信号変換に果たす役割の発見[*17]
1990	プルジナーがプリオンを発見
1990	ヒトゲノム計画が国際的に立ち上がり，日本も参加する[*18]
1990	アデノシンデアミナーゼ酵素欠損症に対する遺伝子治療が試みられる[*19]
1994	アメリカで遺伝子組換えトマト商品化
1996	ロスリン研究所のウィルムット博士がヒツジの体細胞核を用いてクローン羊の作製に成功[*20]
1997	ウイリアムスンがCペプチドの重要性を報告[*21]
1998	トムソンがヒトES細胞の作製に成功

ら構成されている。

＊18　1990年に開始したヒトゲノム計画はアメリカ・ドイツ・イギリス・日本などの国際チームに対して，1998年アメリカの私企業のセレラ社が2年間で塩基配列を決定するというプロジェクトを開始した。

恐ろしいほどの速いスピードで決定していく企業のすさまじさを感じる。企業サイドから見れば，ヒトゲノムをビジネスとしてとらえ，配列の精度は犠牲にしても全塩基配列を他より先に解読し，情報を独占的に保有しておきたかったのだろう。

study

ヒトゲノムの解析に用いられたDNAのもち主は誰だと思いますか？　もしアメリカ人だとしたら，「人種のるつぼ」のアメリカでどの人種のヒトが用いられたでしょうか？日本人ならばどのヒトをとってみてもほとんど同じだと思いますが，アメリカのような多人種国家ではどのヒトのものを用いるかは人種問題に発展する可能性があります。

ヒトゲノム計画に用いられたヒトの数は100人程度となります。よって，完成したヒトゲノムの塩基配列は特定のヒトのものではなく，世界中のさまざまな人種から集めた一種のパッチワークのようなものです。

＊19　ADA欠損症は，体液性免疫，細胞性免疫がともにはたらかない重症複合型免疫不全症である。20～100万人に1人の割合で出現すると推定されている。

＊20　クローン羊「ドリー」は，培養乳腺細胞核という分化した細胞核を，紫外線で核を殺した未受精卵に移植して発生を開始させたものである。これによって哺乳類の細胞であっても，遺伝子自体が不可逆的に変化するのではなく，分化した細胞核が受精卵と同様に完全なゲノムのセットを有することがはっきりした。

「ドリー」の研究では，分化した核を初期化するための非常に重要な方策が示された。まず核のドナー細胞を低栄養（低血清濃度）培地で培養することによって，細胞周期がG_0期に同調化された（下図）。つまり，移植されるドナー核に移植に伴う染色体異常が起こりにくく，かつ初期化を受けやすくなる加工が施されたと考えることができる。このような核を排卵されたばかりの卵（減数第二分裂中期の卵）に移植することで，細胞質中の何らかの

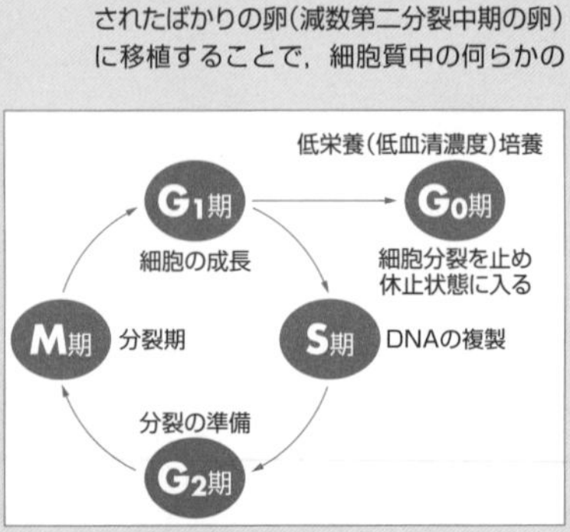

G_0期を含む細胞周期の関係図

2000	ヒトゲノムの概要配列解読完了＊22
2003	ヒトゲノムの全DNA塩基配列が出され，解読が完了＊23
2004	ヒトゲノム22000個に修正される
2006	山中伸弥，マウスのiPS細胞の作製に成功
2006	ファイアーとメローが，RNA干渉，二重鎖RNAによる遺伝子サイレンシングの発見でノーベル生理学・医学賞受賞
2007	山中伸弥，ヒトiPS細胞（人工多能性幹細胞）の作製に成功 トムソンも成功
2008	下村脩，オワンクラゲの緑色蛍光タンパク質の発見でノーベル化学賞受賞
2009	1000種類の生物のゲノムが解析される

因子（転写因子あるいは染色体結合タンパク質と推測されている）の影響下に初期化が誘起された。

＊21 『サイエンス』に，Cペプチドを糖尿病のラットに注射すると，傷ついた血管と神経が修復されたことを報告した。もしこれがヒトで実証されたならば糖尿病患者にとって大きな朗報である。

＊22 ゲノム情報公開派（国際共同チーム）と非公開派（セレラ社）は解読競争を繰り広げてきたが，結局，両派は同時に発表を行うことになった。2000年6月にクリントン米大統領が会見を開き，「ヒトゲノムの概要の読み取り完了」を宣言。その後，セレラ社はヒトゲノム情報を非営利機関の研究者に公開することに同意した。

こうして2003年にヒトゲノムは32000～35000程度と発表されたが，2004年10月の『ネイチャー』にヒトゲノム数は22000個程度だったという論文が掲載され，波紋をよんだ。この解析は国際6か国チームによるもの。

study

日本が主導していた研究の一つに「イネゲノム計画」がありましたが，2004年末に解読が完了しました。この計画は1991年に始まったもので，これを解読すれば品種改良に役立つと期待されていたものです。イネの染色体は12対で（原種），塩基対は約3億9000万あることがわかりました。遺伝子数は約4万個あることが判明しました。

この計画では品種として「日本晴れ」というものがゲノム解析の対象となりました。病害虫に強く，収穫量が多く，塩分の多い土地でも生育できるようにするためには，どの遺伝子をどのように変化させればいいのかは今後の課題となります。名称どおり，結果も日本晴れとなってほしいですね。

＊23 これまでにわかった生物のゲノム数

生物	ゲノムサイズ	遺伝子数	解読年
酵母菌	1210万塩基対	5800	1996年
大腸菌	467万塩基対	4400	1997年
結核菌	440万塩基対	4000	1998年
線虫	9700万塩基対	19000	1998年
ショウジョウバエ	1億8000万塩基対	13600	2000年
イネ	3億9000万塩基対	40000	2004年
ヒト	31億塩基対	22000程度	2004年

2009	リボソームの構造がダ・ヨナス，ヴェンカトラマン・ラマクリシュナン，トマス・A・スタイツによって解明され，現代の分子生物学におけるRNA構造生物学の大きな役割が示された
2009	ブラックバーン，グライダー，ショスタクがテロメアとテロメラーゼ酵素が染色体を保護する機序の発見でノーベル生理学・医学賞受賞
2011	ボイトラー，ホフマンが自然免疫系の活性化に関する発見で，スタインマンが樹状細胞とその適応免疫系における役割の発見で，ノーベル生理学・医学賞受賞
2013	日々生成される膨大な種類のタンパク質を，細胞はいったいどうやって見分け，目的の場所に輸送しているのでしょうか？ シェックマン，スドフらはその解明に大きく貢献した[*24]
2014	ノーベル生理学・医学賞が「脳内で空間感覚を担う神経細胞を発見」した研究に与えられた。頭の中で全地球測位システム(GPS)のように働く神経細胞のつながりを明らかにした[*25]

***24** シェックマン博士は高温にすると物質輸送ができなくなる酵母の変異体をたくさん作り，どの遺伝子が機能しなくなるかを調べた。そうすることで物質輸送に重要な役割をする遺伝子を23個発見し，この分野の研究に先鞭を付けた。

***25** オキーフ氏は1971年，ネズミが部屋の特定の場所にいるときにだけ活発に働く神経細胞である「場所細胞」を見つけた。モーセル夫妻はさらに2005年，方向感覚や位置関係をつかさどるのに必要な「グリッド細胞」を発見した。場所細胞は記憶などに関係する脳の海馬にあり，グリッド細胞はその近くにある。この2種類の細胞が連携して働いていた。

これらの研究は動物が自分のいる場所の空間地図を脳内で作ったり，迷わずに目的の場所にたどり着けたりする能力を持つ有力な証拠となった。最近の研究でヒトにも場所細胞やグリッド細胞があるのがわかってきた。認知症のアルツハイマー病によって海馬などの働きが低下すると，道に迷ったりどこにいるかわからなくなったりする。

***26** 単細胞のバクテリアから人間を含む動物や植物まで，生物には体内時計の機能が備わっており，地球の自転による昼夜のリズムに合わせ，約24時間周期で睡眠やホルモンの分泌など様々な生理現象を調節する。体内時計の存在は古くから知られていたが，仕組みは謎に包まれていた。

1970年代に米国のシーモア・ベンザー博士らがショウジョウバエの遺伝子に変化を起こすと活動リズムが長くなったり，乱れたりすることを発見。80年代になると，ホール氏とロスバッシュ氏のグループ，ヤング氏のグループはこの時計遺伝子「ピリオド」の特定にそれぞれ成功した。

ピリオドによって作られるタンパク質は夜に増え，昼に分解されて減る。ヤング氏はピリオドと対になって働く時計遺伝子「タイムレス」も発見。タンパク質の増減の周期が体内時計のリズムを刻むと解明が進んだ。

2015	ウィリアム・セシル・キャンベルと大村智は，線虫によって引き起こされる感染症の新たな治療法発見によって，ノーベル生理学・医学賞を共同受賞
2016	大隅良典博士，「オートファジー(細胞の自食作用)の仕組みの解明」に対してノーベル生理学・医学賞を単独受賞。誰も相手にしていなかった酵母細胞の液胞の働きに着目し，粘り強く地道な観察を続けた結果，すべての動植物細胞に共通する仕組みを解明し世界を驚かせた。その成果は，がんや免疫系の病気，認知症などの新たな治療法を生み出す可能性を秘め，新たな生命科学の一分野を切り開いたと言っても過言ではない
2017	ノーベル生理学・医学賞は米ブランダイス大学のジェフリー・ホール名誉教授とマイケル・ロスバッシュ教授，米ロックフェラー大学のマイケル・ヤング教授の３氏に贈られる。体内時計を制御する「時計遺伝子」を特定し，仕組みを明らかにした[*26]

study

本庶佑さんは免疫の仕組みを明らかにする研究に長年取り組んできて，以前からノーベル賞の有力な候補者と言われてきました。

京都大学医学部を卒業後，いずれもアメリカにあるカーネギー研究所や NIH ＝国立衛生研究所で研究したあと，37 歳の若さで大阪大学の教授に就任，その後，京都大学の医学部長を務めるなどして，免疫の仕組みを研究してきました。

1992 年に，免疫細胞の表面に「PD-1」というこれまで知られていない新しい物質があることを発見します。当初はどのような働きがあるのか全くわかっていませんでしたが，「PD-1」の働きを止めると免疫反応が過剰に働くことがわかり，発見から 7 年後の 1999 年，この物質が，体の中で免疫が働くのを抑える，いわば「ブレーキ」の役割を果たしていることを突き止めました。さらに，がん細胞がこのメカニズムを利用してヒトの免疫を逃れていることもわかりました。

そして，がん患者の体内で「PD-1」が働かないようにすることで，人の体が本来持っている免疫が再びがん細胞を攻撃するようにして治療するという，それまでの抗がん剤とはメカニズムが全く違う新しいがん治療薬の開発につながり，「オプジーボ」という名前で売られるようになりました。

この薬は日本で皮膚がんの治療薬として承認され，続いて肺がんの治療薬としても承認されるなど，今では世界中の医療現場で使われています。

この薬は，がんの免疫療法を医療として確立し，本庶さんは 2012 年にドイツの権威ある「コッホ賞」を受賞し，翌年には文化勲章を受章しています。

そして 2018 年，本庶さんは同じくがんの免疫療法で貢献したアメリカのジェームズ・アリソン博士とともに共同でノーベル賞を受賞しました。

受賞理由として，選考にあたったスウェーデンのカロリンスカ研究所は「新しいがん治療の方法を発見したこと」を挙げています。

カロリンスカ研究所は会見の中で「これまでがん治療の手段には，外科手術や放射線治療，抗がん剤があった。しかし本庶氏とアリソン氏は，がんそのものを対象とするのではなく，わたしたちの体に備わった免疫細胞を利用して，特定の腫瘍だけでなくあらゆるタイプの腫瘍の治療に応用できる新しい治療法を開発した。がんとの戦いに新しい道を切り開いた画期的な発見だ」と指摘しました。

	2018	ノーベル医学・生理学賞の受賞者に，免疫の働きを抑えるブレーキ役となる物質を発見し，がんに対して免疫が働くようにする新たな治療薬の開発などに貢献した京都大学特別教授の本庶佑が選ばれた

ノーベル生理学・医学賞受賞者（2000 年～ 2021 年）

年	人物	受賞時年齢	国籍	研究内容（受賞理由）
2021	デビッド・ジュリアス	65	アメリカ	温度と触感の受容体の研究により，皮膚が熱さを感じる時に働くタンパク質と，力を受けて変形したことを感じるタンパク質を発見した。
	アーデム・パタプティアン	54	アメリカ	
2020	ハーベイ・オルター	85	アメリカ	C 型肝炎ウイルスの発見によって多くの慢性肝炎の原因を明らかにし，輸血などの際の検査ができるようにしたほか，多くの人の命を救う治療薬の開発に道をひらいた。
	マイケル・ホートン	71	カナダ	
	チャールズ・ライス	68	アメリカ	
2019	グレッグ・セメンザ	63	アメリカ	低酸素状態になると体内でつくられる特殊なたんぱく質 HIF を発見し，このタンパク質の活用で新たな治療法の開発。
	ウイリアム・ケーリン	62	アメリカ	
	ピーター・ラトクリフ	65	イギリス	
2018	ジェームズ・アリソン	70	アメリカ	免疫のはたらきを抑えるブレーキ役となる物質を発見し，がんに対して免疫が作用する薬の開発。
	本庶　佑	76	日本	
2017	ジェフリー・ホール	72	アメリカ	生物には体内時計の機能が備わっている。これは，時計遺伝子「ピリオド」の機能を明らかにすることでそれを解明した。
	マイケル・ロスバッシュ	73	アメリカ	
	マイケル・ヤング	68	アメリカ	
2016	大隅　良典	71	日本	細胞のもつオートファジーの仕組みの解明。
2015	セシル・キャンベル	85	アイルランド	線虫によって引き起こされる感染症の新たな治療方法の発見。
	大村　智	80	日本	
	屠　呦呦（と・ゆうゆう）	85	中国	
2014	ジョン・オキーフ	75	アメリカ	脳における空間認知の仕組みを構成する細胞の発見。 ネズミが部屋の特定の場所にいるときにだけ活発に働く神経細胞である「場所細胞」を見つけた。さらに 2005 年，方向感覚や位置関係をつかさどるのに必要な「グリッド細胞」を発見した。
	マイ－ブリット・モーセル	51	ノルウェー	
	エドヴァルド・I・モーセル	52	ノルウェー	

年	人物	受賞時年齢	国籍	研究内容（受賞理由）
2013	ジェームズ・E・ロスマン	62	アメリカ	細胞の主要な輸送システムである小胞の往来を制御している機構の発見。 小胞（ホルモン，成長因子，および細胞内の他の分子を輸送する小さな嚢のような構造）が，正しい目的地に到達する方法と，内容物をいつどこで放出するかをどのように知るかを解明した。
	ランディ・W・シェクマン	64	アメリカ	
	トーマス・C・ズートフ	57	アメリカ	
2012	ジョン・B・ガードン	79	イギリス	成熟細胞が多能性を持つように再プログラムできることの発見。
	山中　伸弥	50	日本	
2011	ブルース・A・ボイトラー	53	アメリカ	自然免疫の活性化に関する発見。 樹状細胞と，獲得免疫におけるその役割の発見。
	ジュール・A・ホフマン	70	フランス	
	ラルフ・M・スタインマン	68	アメリカ	
2010	ロバート・G・エドワーズ	85	イギリス	体外受精技術の開発。
2009	エリザベス・H・ブラックバーン	60	アメリカ	テロメアと酵素テロメラーゼによる染色体保護の仕組みの発見。 テロメアは染色体の末端に付いているキャップのようなもので，らせん状になっている大切な遺伝情報を保護する役目を担っている。
	キャロル・W・グライダー	48	アメリカ	
	ジャック・W・ゾスタク	56	アメリカ	
2008	ハラルド・ツア・ハウゼン	72	ドイツ	子宮頸癌を引き起こすヒトパピローマウイルスの発見。
	フランソワーズ・バレシヌシ	61	フランス	ヒト免疫不全ウイルスの発見。
	リュック・モンタニエ	76	フランス	
2007	マリオ・R・カペッキ	70	アメリカ	胚性幹細胞の使用によりマウスの特定遺伝子を操作する方法の発見。1981 年に発見した幹細胞の培養法やノックアウトマウス，遺伝子標的法の技術の開発で知られる。
	マーティン・J・エヴァンス	66	イギリス	
	オリヴァー・スミシーズ	82	アメリカ	
2006	アンドルー・Z・ファイアー	47	アメリカ	RNA 干渉の発見－二重螺旋構造の RNA による遺伝子の沈黙。小さな二重鎖 RNA（double strand RNA；dsRNA）が，相補的な配列を持つ mRNA を破壊することでタンパク質への翻訳を抑制する，すなわち特定の遺伝子を効果的に抑制する事を報告した。
	クレイグ・C・メロー	45	アメリカ	

年	人物	受賞時年齢	国籍	研究内容（受賞理由）
2005	バリー・J・マーシャル	54	オーストラリア	ヘリコバクター ピロリ菌と胃潰瘍におけるその役割の発見。1982 年ヘリコバクター・ピロリの初期培養を行い，ヘリコバクター・ピロリが胃潰瘍や十二指腸潰瘍と関連がある仮説を立てた。
	J・ロビン・ウォーレン	68	オーストラリア	
2004	リチャード・アクセル	58	アメリカ	においの受容体と嗅覚システムの発見。
	リンダ・B・バック	57	アメリカ	
2003	ポール・C・ラウターバー	74	アメリカ	磁気共鳴断層画像化に関する発見。
	ピーター・マンスフィールド	69	イギリス	
2002	シドニー・ブレンナー	75	アメリカ	器官発生と，プログラムされた細胞死の遺伝制御。線虫 C. elegans をモデル生物として用いた動物の発生研究を樹立し，神経系形成などを解明した。線虫を用いたアポトーシス研究によって細胞死のメカニズムが解明された。
	ロバート・H・ホルヴィッツ	55	アメリカ	
	ジョン・E・サルストン	60	イギリス	
2001	リーランド・H・ハートウェル	61	アメリカ	細胞周期の主要な制御因子の発見。 細胞分裂周期（細胞分裂周期［cdc］）変異株の解析から得られる情報は，細胞生物学のあらゆる分野に変革をもたらしたといっても過言ではない。それらの多くは，現在でも世界中の研究室で活発に研究されている。また，1980 年代には同じく出芽酵母を用いた遺伝解析から細胞周期チェックポイントの概念を提出，その後のがん研究に対し多大な影響を与えた。
	R・ティモシー・ハント	58	イギリス	
	ポール・M・ナース	52	イギリス	
2000	アービド・カールソン		スウェーデン	神経伝達物質に関する発見。 神経伝達物質のドーパミンとそのパーキンソン病における働きに関しての研究が評価されての受賞。 神経細胞の分子と細胞の機能についての研究で，神経系の情報伝達が評価された。
	ポール・グリーンガード		アメリカ	
	エリック・カンデル		アメリカ	

SECTION 1

分子生物学の夜明け

Dawn of Molecular Biology

1 遺伝物質

遺伝子への疑問

■遺伝物質（genetic material）のみたすべき条件

遺伝子 gene は染色体上にあって，子孫に伝えられる情報を多量にもつ物質であることは，20 世紀の初めにはわかっていました。生物学者は，その物質は複製されて何かわからない仕組みで伝達される物質で，これによって生物特有の表現型（形質）が決定されるというものでした。

疑問としてあげられたのは 3 つの点です。

i）遺伝子（gene）は生化学的に言えば何か？

ii）同一の遺伝子を得るには遺伝子の複製機構（replication mechanism）にどのような仕組みがあるのだろうか？

iii）遺伝情報はどのようにして実際の形質となって現れるのだろうか？

■ 19 世紀における遺伝物質はどんな物質か

花の色，植物の背丈，ショウジョウバエの目の色を決める遺伝子など，遺伝子がどのようにしてそれぞれの特性を決定しているのでしょうか。遺伝子とはいったいどんなものでしょう？

最初に文献として残っているのは，イギリスのアーチボルド・ガロットで，病気の中には遺伝するものがあり，それは酵素の欠乏によって起こるのではないかという仮説をたてて，それを「**先天性代謝異常（congenital metabolic disorders）**」と呼びました。100 年以上も前のこの時代に，このような仮説を提唱して考えていくという姿勢は現在でも尊敬に値します。

遺伝子は変化することなく世代から世代にわたり受け継がれていきます。ごくまれにではありますが，突然変異した遺伝子はそのままの形で世代を経てつたわっていきます。遺伝子が物理的に存在することは，顕微鏡で確認される染色体という構造上に位置していることが証明されてから疑う余地がなくなりました。しかし遺伝子の本体は 1900 年代の前半では不明でした。

■遺伝子はタンパク質ではないか？

メンデルやダーウィンが研究を発表した頃すでに，DNA は核の主要な化学物質として発見されていました。しかし，1900 年代の初頭には，タンパク質が膨大な遺伝情報を世代から世代へと伝えることのできる分子の有力な候補だと考えられていました。

DNA は非常に大きな分子として知られていましたが，ちょうど合成ポリマーのように，4種類の化合物の部品が単純なパターンでつながったものだと考えられていました。また，DNAの細胞内での機能はわかっていませんでした。一方，タンパク質は生きている細胞で酵素や構造を形づくる部品として重要だということがわかっていました。タンパク質はまた多くのアミノ酸の重合体であることもわかっていました。これらの重合体はポリペプチドと呼ばれています。最も重要なことは，20種類のアミノ酸の“アルファベット”からなるタンパク質は，4文字のアルファベットからなるDNAよりも潜在的に多くのユニークな情報を持った構造を作ることができるであろうということです。

つまり科学者は，タンパク質のもつ多彩な機能から，遺伝子も当然タンパク質であろうという先入観に陥ってしまいました。

遺伝子の基礎研究となったもの

タンパク質分子の研究（research on protein molecules）

生命の基礎物質としてまず注目されたのはタンパク質でした。1920年ごろまでにタンパク質の構造が一段と明らかになり，それが多数のアミノ酸からなることより，複雑な遺伝情報の担い手としてタンパク質がふさわしいものだと考えられるに至りました。タンパク質の高次構造の研究は，X線結晶学の技術によって大きな収穫をあげました。

このX線回折[★1]（X-ray diffraction）による結晶構造解析の技術は，1912年ごろイギリスのブラッグ父子により提案され，イギリスで発達しました。X線束を結晶に照射すると，X線束は結晶格子の分子や原子によって方向が曲げられます。これをX線回折といいます。結晶を挟んでX線源と反対側に写真乾板を置いておくと，X線回折の角度などを知ることができます。この回折像を解析することにより，そのタンパク質分子の三次元構造を知ることができます。この技術を用いてケンドルーとペルツは1960年代初めまでにヘモグロビンとミオグロビンの分子構造を明らかにし，その結果，これらタンパク質分子の機能を三次元構造に基づいて説明できるようになりました。

biological words

★1 X線回折

X線が結晶格子で回折を示す現象である。この現象を利用して物質の結晶構造を調べることが可能である。このようにX線の回折の結果を解析して結晶内部で原子がどのように配列しているかを決定する。

ウィルキンスとR・フランクリンはX線回折を用いて核酸の構造解析を行っていました。この核酸は，すでに1869年ミーシャー（Friedrich Miescher，1844-

1895）により発見され，1930年代までに，2種のプリン塩基（アデニン，グアニン）と3種のピリミジン塩基（シトシン，チミン，ウラシル）からなる重合体ということがわかっていました。しかしなお，その生物学的意味や構造は長くわからず，遺伝現象とのつながりも一般に無視されていました。

1920年代に，感染性のある細菌の株を殺菌した後に無害な細菌の株と混ぜると，無害な細菌が感染性を持つようになることが実験で示されました。明らかに死んだ細菌から無害な細菌を感染性に“**形質転換**★2**(transformation)**”する何らかの化学物質がもたらされました。いわゆるこの“形質転換因子”は遺伝子ということが明らかになりました。

ロックフェラー大学のオズワルド・エイブリーらが率いる化学者のチームは1940年代に徹底的にその実験を追跡しました。彼らは“形質転換因子”の純粋な抽出物はタンパク質分解酵素には影響を受けないけれども，DNA分解酵素で破壊されることを発見しました。このことから，形質転換因子はDNAであること，さらにそこから遺伝子はDNAからできていることも明らかになりました。でも，多くの科学者たちは遺伝物質がタンパク質ではなくDNAであることの明白な証明をなかなか受け入れませんでした。

biological words

★2 形質転換
形質転換と似たような用語に形質導入がある。両者の違いは，形質転換が，自己のものでないDNAが細胞に入り込むことにより細胞の遺伝的性質がかわること。それに対し形質導入では，ファージを細菌に感染させて自己のものでないDNAを取り込ませることを言う。

核酸（nucleic acid）の発見

19世紀末1869年にミーシャーは包帯についていた膿（うみ）から，リンを多く含む物質を発見し，ヌクレインと名付けました。

ミーシャー

膿には白血球の残骸の核などを多量に含むものです。ヌクレインはDNAに相当するものですが，当時は重要な物質とはみなされていませんでした。

ミーシャーは，白血球が大きく見やすい核をもつという理由から，これについて研究することを選択したのです。化膿症からはがした包帯の膿汁から白血球を取り出し，胃液で処理しました（今日では胃液にはタンパク質を分解するペプシンという酵素が含まれていることがわかっています）。顕微鏡で調べてみると，細胞核だけが残されていて後のものはすべて分解されているのです。この核を分析すると，今までの構成成分とは全く異なる組成をもつことを発見しました。

この物質は，細胞核（nucleus）から分離されたのでヌクレインと呼ばれました。ミーシャーはその後，生まれ故郷のスイスのバーゼルに帰り，ヌクレインについての研究を続けました。そしてタンパク質がすべて取り除かれてしまうと酸であることをみつけ，後に核酸と呼ばれるようになりました。

DNA，RNA の発見

ミーシャーが取り出した物質は多量のリン（P）が含まれていることから「ヌクレイン」という名前の貯蔵タンパク質と考えて命名されたのですが，後にタンパク質とは全く異なる物質であることが明らかになりました。

ヌクレインは1869年のミーシャーの発見まで遡ります。彼がヌクレインと呼んだ物質は，ミーシャーの弟子であるドイツのリヒャルト・アルトマン（1852-1900）によって，核酸という名前に改められました。その中から1909年にはアメリカのフィーバス・レヴィーンによりRNAが，1929年には同じレヴィーンによってDNAがそれぞれ発見されました。しかし，DNAが細胞内でどのようなはたらきをしているかは全く明らかにされませんでした。

20世紀にはいってからの遺伝物質はどんな物質？

1941年に**一遺伝子一酵素説（one gene-one enzyme hypothesis）**が打ち出されても多くの学者はタンパク質が遺伝子と考えていました。その理由としては，タンパク質が化学的に最も複雑な物質だと考えられていて，最も複雑な仕事を受け持っているからです。

染色体はタンパク質とDNAからできていて，DNAは4種の塩基がつながった重合体であることはわかっていました。ただし，研究者の無知ぶりはおかしいほど稚拙でした。塩基がたとえばAGCTAGCTAGCT……と規則的に並んでいるものと思っていました。これは誤りです。塩基が規則正しく並んでいてはタンパク質の多様なアミノ酸配列を決定できません。

先天性代謝異常という考え方の登場

タンパク質と遺伝子

遺伝子がタンパク質でできている酵素の活性を支配しているらしいことに初めて気づいたのはイギリスのギャロッドでした。1900年代の初め，彼は尿が酸素に触れると黒く変色するアルカプトン尿症（alkaptonuria）という病気について研究しました。

ギャロッドは，ヒトの病気であるアルカプトン尿症の研究のため，患者の家系の情報を（尿とともに）集め，アルカプトン尿症は劣性の遺伝病だと推定しました。

ギャロッドはまた，病気は“代謝の先天的な異常”だという考えを提唱した最初の人でした。彼は，病気は，身体で起こっている化学反応の経路がなくなるか，または誤ったステップに進んだために起こると考えていました。1923年に，アルカプトン尿症（alkaptonuria），シスチン尿症（cystinuria），ペントース尿症（pentoseuria）そして色素欠乏症（pigment deficiency）についての彼の研究が，“Inborn Errors of Metabolism［先天性代謝異常］”という本にまとめられました。ギャロッドは遺伝子が生化学的な働きを決めると考えました。これは遺伝の分子的な基礎という，次の時代の発見の元となる考えです。

ギャロッドは医師というよりも科学者でした。彼の入院患者への態度は，彼らの尿のサンプルとしての興味でしかないと言われていました。ギャロッドは国家への忠誠心を持っていて，第一次世界大戦中のマルタで大佐として勤めました。1918年に彼は叙勲されました。彼は2人の息子を戦争で亡くし，3番目の（彼の最後の）息子を戦後のインフルエンザ流行で亡くしました。それはギャロッドの後半生を悲しくする出来事でした。

アルカプトン尿症（alcaptonuria）

あまり聞いたことがない病気かもしれませんが，この病気は子供の母親がすぐに気づきます。それは赤ん坊のおしめを交換するときのおしめの色でわかります。アルカプトン尿症といのは，尿の色が黒くなってしまうからです。

この原因は，フェニルアラニンを二酸化炭素と水に分解する酵素であるホモゲンチジン酸オキシダーゼの機能がしなくなることによることが今ではわかっていますが，これが遺伝子の変化によって起こることに初めて気づいたのがギャロッドでした。

彼は，このアルカプトン尿症が代謝系に必要な1つの酵素活性が欠けていることが原因だということを発見しました。この病気がメンデルの法則にしたがって遺伝する先天性代謝異常であることもつきとめました。この考えを受け継いでビードルとテータムはアカパンカビを用いて実験を行いました。

アカパンカビのアルギニン合成経路と酵素および遺伝子の関係

ビードルとテータムの実験

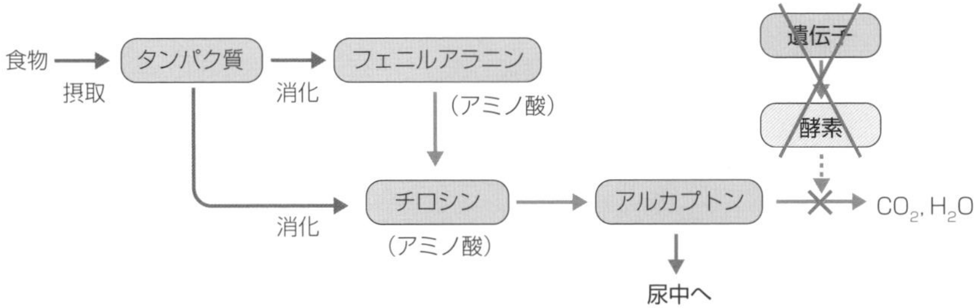

一遺伝子一酵素説（one gene-one enzyme hypothesis）

アルカプトン尿症も1個の遺伝子の異常で起こります。母親が子どものおしめの交換のときに気がつきます。赤ちゃんの尿が時間経過すると黒くなるからです。

今ではこれはホモゲンチジン酸オキダーゼという酵素の欠失で起こることがわかっていますが，20世紀初頭では全くわかりませんでした。

この解明はアカパンカビを用いた研究によってなされました。アカパンカビは，X線を照射することで突然変異株を作ることができます。最少培地だけでこの突然変異を起こした株は生育できません。この最少培地に何を加えたら生育できるようになるかをビードルとテータムは調べました。その結果，ある種のアミノ酸を加えると生育できるようになるものが3種見つかったのです。

野生株*と変異株（wild and mutant strains）

アカパンカビの野生株は，グルコース・無機塩類・ビオチン（ビタミンの1種）しか含まない最少培地で生育できます。それ以外の生育に必要な物質は，これらを材料として自分で合成できるからです。

ビードルらは，この野生株にX線を照射して，

biological words

***株（かぶ，英：strain）**
生物学において株とは，微生物やそれに類する培養によって維持されるものの，同一系統のものを表す。

最少培地では生育できない突然変異株を多数得ました。これらの変異株のうち多くは，最少培地に様々な物質を加えれば生育できることがわかりました。このような変異株は栄養要求株と呼ばれます。

アルギニン要求株（arginine requesting strain）

栄養要求株の中には，最少培地にアミノ酸のアルギニンを加えないと生育できないアルギニン要求株もありました。それらを調べると，変異株の中には，最少培地では生育できないが，オルニチンやシトルリンを加えると生育できるものもあることがわかったのです（図1)。

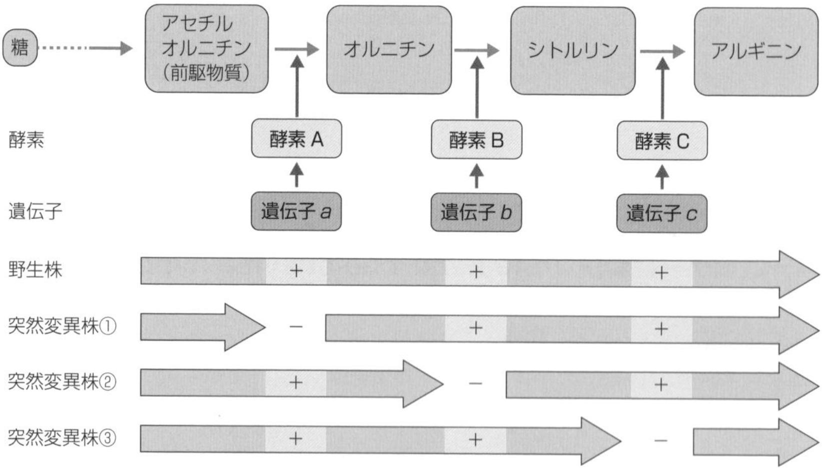

図1　アカパンカビのアルギニン合成経路と酵素および遺伝子の関係

各変異株が生成できる酵素を＋，できない酵素を－で示します。たとえば，変異株①ではアセチルオルニチンで合成が止まってしまい生育できません。しかし，培地にオルニチンかシトルリンかアルギニンを加えると生育できます。変異株②はオルニチンで合成が止まり，シトルリンかアルギニンを加えれば生育できます。

実験結果の解釈

アルギニンは，糖からオルニチン，シトルリンを経て合成されます。また，オルニチン，シトルリン，アルギニンの合成にはそれぞれ別の酵素が関与しています。X 線の照射によってどれか1つの酵素の活性を失ったために3種類の異なる変異株が生じました。ただし，X 線の照射によって直接障害を受けるのは遺伝子です。障害を受けた遺伝子がつくった酵素ははたらきを失った酵素です。つまり，遺伝子はそれぞれ特定の酵素の生成を支配していると考えたのです。

一遺伝子一酵素説は現在では変化している

米国のスタンフォード大学のビードルとテータムのアカパンカビを使った古典的な実験（1941）は遺伝子と酵素の関係が単純なこと，すなわち1つの遺伝子は1つの酵素をコードすることを示しました。それは生物学の研究におけるモデル生物の重要性を認識させることとなった実験でもありました。生化学的遺伝学の新分野を開拓し，遺伝学と生化学が統合されて生まれたこの「一遺伝子一酵素説」により，ビードルとテータムには1958年のノーベル生理学・医学賞が与えられました。

現在は2つ，あるいはそれ以上の遺伝子でコードされる複数のポリペプチド鎖からなる酵素があることが知られていますから，この原則をより正確に記述すれば「**一遺伝子一ポリペプチド説**」となっています。

2　DNA が遺伝子の本体であることを示した 2 つの実験

肺炎球菌

肺炎双球菌の形質転換（transformation）の実験

1928 年，イギリスの細菌学者のグリフィスが意味のある発見をしました。**肺炎双球菌（diplococcus pneumoniae）**の形質転換実験です。

肺炎双球菌の特徴

肺炎双球菌は，2 つの球菌が連なった肺炎を引き起こす細菌で，病原性をもつ S 型菌と非病原性の R 型菌とがある。

S 型菌（病原性）	R 型菌（非病原性）

・固形培地上でのコロニーの表面が Smooth になる。 ・動物の体内では，カプセルによって白血球の攻撃から逃れ，増殖して肺炎の原因になる。	・固形培地上でのコロニーの表面が粗面 Rough になる。 ・カプセルがないため，動物の体内では長く生きていることができず，肺炎の原因にはならない。

肺炎双球菌には菌の外膜が多糖類のカプセルで包まれている S 型菌とカプセルのない R 型菌があります。R 型菌は S 型菌の突然変異によってできたものです。S 型菌はネズミに感染すると肺炎を起こさせて死に至らしめる病原性を持っていますが，R 型菌には病原性がありません。

グリフィスは熱で殺した S 型菌と毒性のない R 型菌とを混ぜてネズミに注射したところ，ネズミは発病して死に，体内から S 型菌が発見されました。彼は，この実験で熱処理した S 型菌の「何か」が R 型菌の遺伝形質を変化させたのだろうと考えこの現象を形質転換と呼びました。

実験番号	ネズミに注射したもの	結果
1	R 型生菌だけ	ネズミは生存
2	S 型生菌だけ	ネズミは死亡
3	熱殺菌した S 型菌	ネズミは生存
4	R 型生菌＋熱殺菌した S 型菌	ネズミは死亡

グリフィスの実験では，実験番号 4 で死んだマウスの体内から，得られたものは生きた S 型菌だけでした。つまり R 型生菌が観察されませんでした。エイ

ブリーらによる形質転換を引き起こす物質の解明では，S型菌のDNAによってR型菌の一部がS型菌へと変化していることになるわけで，すべてがS型菌に変化したわけではないのです。

●フレデリック・グリフィス
（Frederick Griffith，1879-1941）

イギリス出身の医師，遺伝学者。

ハツカネズミを用いて，形質転換を発見し，分子生物学の基礎を築きました。このグリフィスの発見が後にDNAとは何かということを解明する重要な手がかりになりました。

グリフィスの形質転換の実験があまり興味をひかなかった理由の1つとしては彼がその仕事の遺伝的意味を強調しなかった点にあるのかもしれません。1942年，第二次世界大戦のロンドン空襲により死亡したため，彼の研究の重要性が再認識されたときには彼はこの世にはいないという状況でした。

■形質転換（transformation）を起こす物質の解明

1944年，ニューヨークのロックフェラー研究所のエイブリーらはグリフィスのいう何かを突き止めようと研究を続け，試験管内に培養したR型菌にS型菌

●オズワルド・エイブリー
（Oswald T. Avery，1877-1955）

エイブリーはカナダ生まれの細菌学を研究した生物学者です。細菌の形質転換を調べた彼の研究はDNAが遺伝形質を伝える物質であることを明らかにしました。彼はコロラド大学で医学の学位をとり短い期間臨床医として働いた後，ホーグランド研究所に移り，細菌学と免疫学の研究と講義を行い，その後ニューヨークのロックフェラー研究所に移り研究を続けます。

1940年代当時，同僚や他の研究者からDNAが遺伝物質であるという説を否定されました。哲学者のカント的な規則正しい，研究以外のことはほとんど行わない禁欲的（一生独身でした）生活を送りました。

DNAの構造を解明したワトソンは「もし彼が数年長生きしていればほぼ確実にノーベル賞を受賞していたであろうと述べています。

から抽出した物質（タンパク質,多糖類,RNA,DNA）を別々に加える実験を行っていました。この後，S型菌をDNA分解酵素，タンパク質分解酵素，糖分解酵素で処理してR型菌に加えて形質転換が起こるかどうかを調べました。

その結果，DNA分解酵素処理した培地では，R型菌からS型菌への形質転換は起こらず，タンパク質分解酵素や糖分解酵素処理した培地では形質転換が起きていました。このことは，S型菌のDNAがR型菌の細胞内に入りこんで，R型菌をS型菌に変化させただけでなく，その入り込んだ細胞の中で自己増殖を行っていることを意味します。

すなわち,DNAは遺伝子そのものの作用を備えているのです。またエイブリーらの実験は，カプセルという物質とそれをつくらせる原因の物質が別だということを教えてくれたのです。

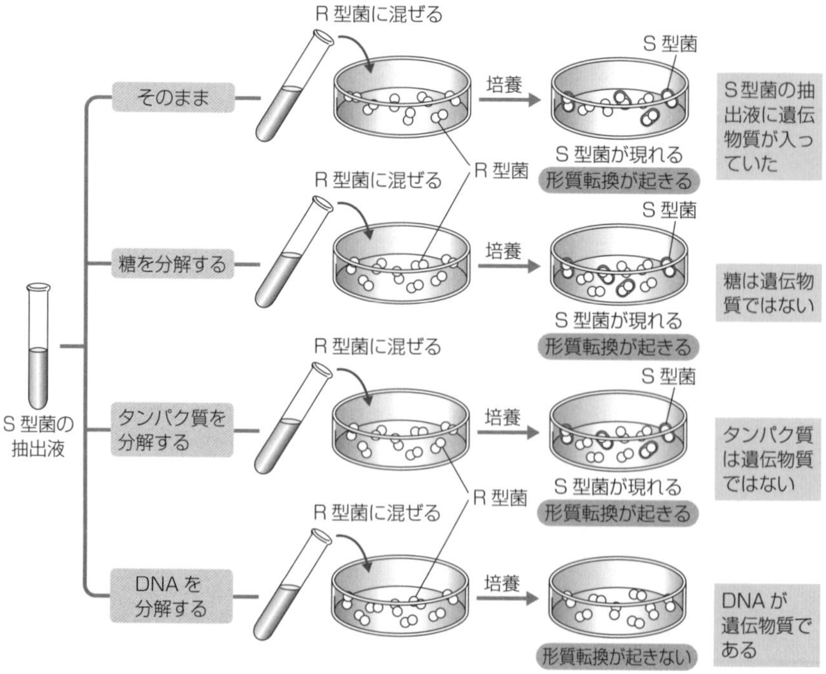

図1　エイブリーらの実験

■バクテリオファージの増殖実験

エイブリーらの実験は，グリフィスの実験を完全に追試した結果，形質転換にネズミは必要でないことを確認したのです。最初，R型生菌と熱殺菌したS型菌をそれぞれ 10^6 個ずつ培地に加えてできたコロニーの数を調べたのでした。

その結果S型菌が 10^4 個，R型菌が 10^6 個という結果を得たのです。100個に1個の割合でR型からS型に変換していることがわかりました。この頻度は突然変異の頻度よりはるかに高いので形質転換が必ず起こっていることになります。

しかもこの培地からはグリフィスの実験と異なり，S型菌以外にR型菌が検出されています。グリフィスの実験では形質転換を起こしたネズミの死体からはS型菌のみが検出されています。これは，ネズミの体内にあるマクロファージや樹状細胞などの食作用によってR型菌が食作用を受けて死滅分解してしまうのでS型菌のみがみつかることになったのです。

本来はこれだけでも十分だったのですが，エイブリーはS型菌の中にある微量な物質が形質転換を引き起こしている可能性もあると考えて，DNA分解酵素やタンパク質分解酵素処理をしたのです。この緻密な実験にワトソンも感服していたといわれています。

バクテリオファージの実験

■ハーシーとチェイスの実験

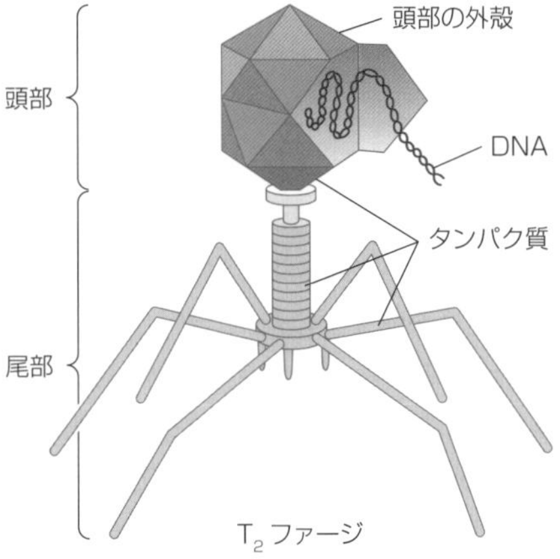

T_2 ファージは，バクテリオファージ（bacteriophage：細菌を食べるものという意味，単にファージともいう）の一種で，大腸菌に寄生して増殖するウイルスである。タンパク質50%とDNA50%からできており，どちらの物質が遺伝子として働くかを調べるのに都合のよい研究材料であった。

DNAの構成元素：
C, H, O, N, P
タンパク質の構成元素：
C, H, O, N, S

図2　T_2 ファージの構造

1952年，ハーシーとチェイスはバクテリオファージの増殖を調べる実験を行いました。彼らの実験で，大腸菌を，^{35}Sと^{32}Pの放射性同位元素を含む塩の培地で培養すると，大腸菌のSとPは，^{35}Sと^{32}Pに置き換わりました。この大腸菌に，T_2ファージを感染させると，5分程度でT_2ファージは大腸菌に吸着し，菌体内からは^{32}Pが検出され，^{35}Sは検出されませんでした。T_2ファージはタンパク質の殻とDNAからなっているので，どちらかが遺伝物質ということになります。

この方法は，大腸菌をミキサーで激しく撹拌して，大腸菌の表面からT_2ファージの殻を離し，遠心分離すると大腸菌は沈殿し，タンパク質の殻は上澄みにきます。上澄みには^{35}Sが，沈殿した大腸菌には^{32}Pが検出されます。これを別々に培養すると，沈殿した^{32}Pを含む大腸菌からは，タンパク質の殻をつけた子ファージが生じ，その子ファージの中には一定の割合で^{32}Pが検出されました。すなわち，自己増殖能力をもつのはタンパク質ではなく，DNAだということが証明されたのです。

further study

タンパク質を構成する元素はC・H・O・N・Sであるのに対し，DNAを構成する元素は，C・H・O・N・Pです。両者の違いはSとPです。ここに注目したのがこの2人の研究者でした。

遺伝子＝DNA

■全ての生物にとって遺伝子はDNAである

形質転換の実験によって，ある種のバクテリアの遺伝子はDNAだということが示されましたが，エイブリーの形質転換の実験結果を生物全体にまで拡張するという考えには1950年代初頭には疑義がありました。しかも形質転換は間接的な証拠でいまひとつしっくりこないものがあったようです。この疑義を晴らしたのは，ハーシーとチェイスの実験でした。彼らはニューヨークの**コールド・スプリング・ハーバー研究所**で遺伝物質がウイルスにおいてもDNAが構成物質だということを示すことで遺伝子はウイルス，バクテリア，植物，動物などすべての生物について言えることを示したのでした（ウイルスは生物とは言い難いですが）。

●アルフレッド・デイ・ハーシー
（Alfred Day Hershey，1908-1997）

彼は 1950 年にニューヨークのコールド・スプリング・ハーバー研究所に移り，ワシントン・カーネギー協会の遺伝学分野の研究に加わりました。そこで 1952 年に，彼はマーサ・チェイスとともに非常に有名なハーシーとチェイスの実験を行いました。この実験によって，遺伝情報を保持する本体がタンパク質ではなく DNA だとする，新たな証拠が加わりました。

彼は 1962 年にワシントン・カーネギー協会の責任者となり，1969 年にはウイルスの複製と遺伝機構の解明により，ルリア，デルブリュックとともにノーベル生理学・医学賞を受賞しました。

●マーサ・カウルズ・チェイス
（Martha Cowles Chase，1927-2003）

アメリカ合衆国オハイオ州クリーブランド出身の遺伝学者。

ハーシーとチェイスの実験は，1952 年にアルフレッド・ハーシーとマーサ・チェイスによって行われた一連の実験です。1944 年のエイブリー－マクロード－マッカーティの実験によって最初に実証された「DNA が遺伝物質である」ことを裏付けました。1869 年以来 DNA の存在こそ生物学者の間でよく知られていましたが，当時はその大多数が，遺伝情報の担い手となる物質はタンパク質であろうと考えていました。

ファージの何が大腸菌内に入るか

彼らの実験を理解するうえで，2つのことを前提条件で知っておく必要があります。1つは，実験に用いた T_2 ファージはタンパク質と DNA のみからなること。もう1つは T_2 ファージの一部しか大腸菌内に入らないということです。

中に入った T_2 ファージは増殖して完成した新しいファージができるので，バクテリア内に入ったファージの部品がファージのあらゆる部品を作る遺伝情報をもっている必要があります。そこで，大腸菌の中に入るのはファージのどの部分かが問題になります。

大腸菌を標識する

実験するにあたり，T_2 ファージを標識する必要があります。DNA はC・H・O・N・Pからなり，タンパク質はC・H・O・N・Sからなるので P と S に注目したのです。放射性同位体の ^{32}P と ^{35}S を用いて標識できればよいのです。

ところが直接 T_2 ファージの DNA の P やタンパク質の S を標識できないのです。

そこで，大腸菌に寄生して増殖するファージなので一団の大腸菌を放射性の ^{32}P であるリンを含んだ栄養培地で培養し，もう一団は放射性の ^{35}S を含んだ栄養培地で培養したのです。そのうえで両集団の大腸菌に T_2 ファージを感染させます。

ファージが大腸菌の中で増殖するにつれて，放射能の一部はファージの構造の中に取り込まれます。^{35}S はタンパク質部分に，^{32}P は DNA の中に取り込まれます。これによってファージの構成物質が標識されることになります。

T_2 ファージの感染と増殖

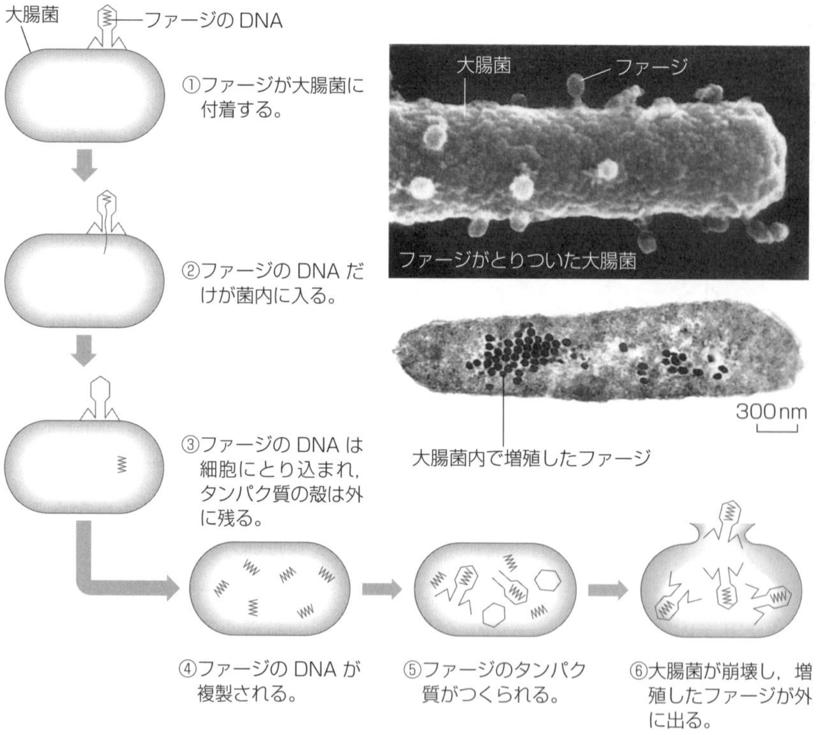

①ファージが大腸菌に付着し，②ファージの DNA だけが大腸菌の中に入ります。ただし，付着しても大腸菌の中に入らない物質もあるのでその区別をするために攪拌しました（彼らはワーリングブレンダーを用いました）。これを行うことで本当に大腸菌内に入ったものを調べたのです。③その結果 DNA は中

に入り，タンパク質の殻の部分は入らずに外側に残ったことになります。④ファージのDNAが複製され，さらに⑤それをもとにタンパク質の殻が合成され，⑥多数のファージがつくられ外に出ていきました。

少しハーシー・チェイスの実験内容を深めてみましょう。

遺伝子の本体がDNAであることを明確にしたのがハーシーとチェイスの実験です。彼らの実験の概略は次のようなものです。

(1)　放射性をもつリン（^{32}P）でDNAを標識したファージ（^{32}P標識ファージ）と放射性をもつ硫黄（^{35}S）でタンパク質を標識したファージ（^{35}S標識ファージ）を作製する。

(2)　それぞれの標識ファージを，大腸菌を含む液（菌液）に加えて，吸着は起こるが増殖は起こらない短時間だけ培養する。その後，遠心分離で大腸菌を沈殿させ，上澄みを捨てて吸着しなかったファージを除去する。

(3)　沈殿した大腸菌を新しい培養液に懸濁させる。大腸菌の懸濁液をブレンダー（撹拌器）で激しく混ぜ合わせたのち，遠心分離で大腸菌をもう一度沈殿させ，その上澄みに含まれる放射能を測定，懸濁液に含まれる放射能を100%としたときの上澄み中に回収された放射性をもつリンや硫黄（放射性同位体）の割合（回収率・%）を調べる。

問題　**〈ファージのDNAが大腸菌に入ることの確認〉**

次の図は，ブレンダー処理の時間が回収率にどのように影響するかを示したもので，この結果は，T_2ファージのDNAが大腸菌に入ったことを示していました。

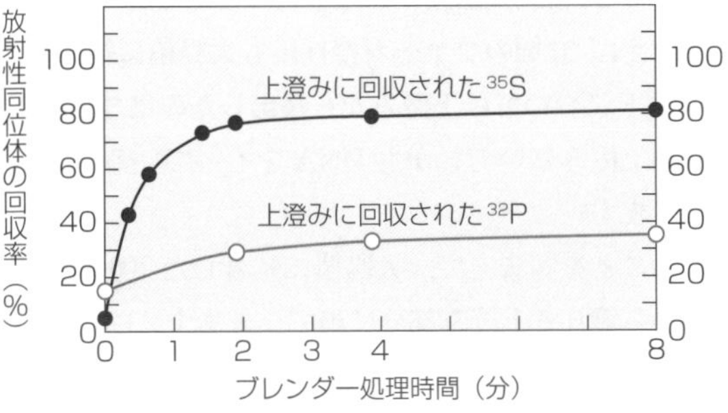

(i) 図の結果から，8分のブレンダー処理を行ったとき，ファージの何%がDNAを大腸菌内に注入したと推論できるかを述べた次の文章の空欄に入る数値として，最も適当なものを，空欄［ a ］・［ b ］については選択肢群1の①～⑨から1つずつ，空欄［ c ］・［ d ］・［ e ］については選択肢群2の①～⑨から1つずつ選びなさい。

上澄みに回収された^{35}Sが（ a ）%あることから，吸着したファージの（ b ）%が大腸菌から離れたと考えられます。上澄みに回収された^{32}Pが（ c ）%しかないことから，離れたファージの一部はDNAを含むが，一部はDNAを含まないと考えられます。つまり，吸着したファージの少なくとも（ d ）%は，大腸菌内にDNAを注入していたと判断できます。また，吸着したファージのうち最大（ e ）%が大腸菌にDNAを注入した可能性があります。

選択肢群1

① 10	② 20	③ 30	④ 40	⑤ 50
⑥ 60	⑦ 70	⑧ 80	⑨ 90	

選択肢群2

① 15	② 25	③ 35	④ 45	⑤ 55
⑥ 65	⑦ 75	⑧ 85	⑨ 95	

正解へのアプローチ

考えやすいように，ファージが100個あったとしてみましょう。ブレンダーで攪拌すると**上澄みに回収された^{35}S が 80%**ですから，100個のファージのうち，80個が上澄みに出ていったことになります。このことは吸着したファージの**80%が大腸菌から離れた**ことを意味します。

逆に言えば20個のファージ攪拌後も大腸菌に結合したままになっています。次に^{32}Pについては**上澄みから検出したのは35%**ですから，100個ファージのうち上澄みにいてしかもDNAをもっているファージは35個ということになります。

以上のことを踏まえて，大腸菌に結合した100個ファージのうち80個が大腸菌から離れて上澄み部分に出ていきます。DNAを持っているファージは35個しかいないので80 − 35 = 45個はDNAを持っていません。その

45個はすでに大腸菌にDNAを注入してしまっているからです。

これらについて次のように整理することができます。100個の吸着ファージについて調べると，ブレンダーで攪拌すると^{35}Sが大腸菌本体から剥がれ落ちて80個が上澄みに移行していきます。20個は大腸菌と一緒にいます。

100個のファージ
- 上澄みに80個（80%）のファージ
  そのうち35個にDNAがあり45個になし
- 20個（20%）のファージは大腸菌に結合したまま
  →これらのDNAが注入済みかどうか不明

問題になっているのは，ミキサーで攪拌後も大腸菌に結合しているファージが20個ありますが，これらがDNAを注入済みかどうかはわからないのです。

1個もDNAを注入していないかもしれないし，20個すべてが注入済みとなっているかもしれないのです。

大腸菌に結合したファージのうち上澄みに80個，大腸菌に結合したままのものが20個あります。上澄みに出た80個のうち35個にDNAがあり，45個にDNAがないのでこの45個には大腸菌にDNAの注入が完了していることを意味します。よって吸着したファージの**少なくとも45%がDNAを注入済みとなります。**

ミキサーで攪拌後も大腸菌に結合したままの20個の大腸菌がすべて注入済みであれば，**最大で45+20=65個，つまり65%が注入済みとなります。**

解答　a－⑧　b－⑧　c－③　d－④　e－⑥

問題　(ii) ハーシーとチェイスは，標識ファージを感染させた大腸菌を培養し続けてファージを増殖させ，DNAが親ファージから子ファージに伝わることも示しました。どのような結果が得られたと考えられるでしょうか。最も適当なものを，次の①～⑥から1つ選びなさい。

① ^{32}P標識の実験では，すべての子ファージが放射能をもっていましたが，^{35}S標識の実験では，子ファージは全く放射能をもっていま

せんでした。

② ^{32}P 標識の実験では，すべての子ファージが放射能をもっていましたが，^{35}S 標識の実験では，子ファージの一部が放射能をもっていませんでした。

③ ^{32}P 標識の実験では，すべての子ファージが放射能をもち，^{35}S 標識の実験でも，すべての子ファージが放射能をもっていました。

④ ^{32}P 標識の実験では，子ファージの一部が放射能をもっていましたが，^{35}S 標識の実験では，子ファージは全く放射能をもっていませんでした。

⑤ ^{32}P 標識の実験では，子ファージの一部が放射能をもち，^{35}S 標識の実験でも，子ファージの一部だけが放射能をもっていました。

⑥ ^{32}P 標識の実験では，子ファージの一部が放射能をもち，^{35}S 標識の実験では，すべての子ファージが放射能をもっていました。

正解へのアプローチ

遺伝子の本体はDNAですが，子ファージのすべてが ^{32}P の放射能をもっているわけではないことを理解しているかどうかです。子ファージの材料となるDNAは，親ファージが注入したものもあれば，大腸菌内で新しく複製されたものも存在します。親ファージのDNAであれば，^{32}P で標識されていますが，新たに大腸菌内で複製されたDNAは標識されていない普通のDNAです。

したがって，親ファージの ^{32}P 標識DNAを用いてつくられた子ファージからは ^{32}P 由来の放射能が検出されますが，大腸菌内の標識されていないDNAを用いてつくられた子ファージからは放射能は検出されていません。

一方 ^{35}S で標識された親ファージの外殻タンパク質は，大腸菌の外部に結合したままで，大腸菌の中に入るわけではありません。大腸菌がもともともっていた標識されないアミノ酸を使って複製されます。したがって，子ファージから放射能を検出することはないのです。よって正解は④となります。

解答

④

POINT

形質転換の実験と**ファージの増殖実験**の解明から遺伝子の本体が DNA だということが証明されたのです。

3　DNA の研究

DNA の構造

■遺伝子は体のどこにあるのか

われわれの体の細胞の中には核があり，その中に染色体が入っています。その中には 46 本の染色体があり，それは非常に細い糸で太さは 0.000002 ミリメートルです。髪の毛のおよそ 4 万分の 1 の太さでしかありません。46 本の染色体を全部つなぎ合わせるとおよそ 2m に達します。0.01mm 以下の核の中に 2m の長さの DNA が入っているので非常に小さく折りたたまれていることがわかります。この DNA が遺伝子の本体です。

■染色体中の DNA

真核生物の DNA はヒストンというタンパク質に巻き付いていて，ヌクレオソームという構造を形成しています。さらにヌクレオソームの連なりは折りたたまれ，クロマチンという繊維状の構造体として核内に広がっています。細胞分裂の際には，クロマチンが折りたたまれ，染色体として観察できます。

eye on biology

DNA の研究は，おもにアメリカとイギリスで行われました。アメリカではファージを用いて DNA が遺伝子として出す命令によって何が起きるのかという点に注目して研究が進められ，一方，イギリスでは DNA の分子構造の解析が行われていました。

■遺伝子の本体である DNA の構造

ワトソンとクリックは，シャルガフとウィルキンスの研究成果から，DNA は 2 本の鎖からなり，A と T，C と G が相補的に結合していることをみつけ，しかも 3.4nm ごとの周期で繰り返し構造をしていることを考えました。

この二重らせん構造 double helix structure については，彼らの発表より 2 年前にポーリングがタンパク質がらせん構造をしていることを発見したことが重要な影響を与えたという内容のことが「二重らせん」というワトンソンの著書に記述されています。しかも分子全体が対を作るためには，糖とリン酸からなる主鎖をねじって，らせん形の階段状にしなければならないとされ，この階段の踏み段は，DNA の塩基対となります。

Column　大きさの接頭語

1m，1mm など，単位として出現します。

この 1m は長さの単位ですが，1mm の最初に出てくる m は 10^{-3}（つまり 1000 分の 1）を表します。つまり 1mm は mm という切り離せないものではなく 1m の 1000 分の 1 を表します。1mg は 1g の 1000 分の 1 の質量です。1mm のさらに 1000 分の 1 は 1μm（マイクロメートル），1μm の 1000 分の 1 は 1nm（ナノメートル）になります。

m（ミリ）・・・・・・・・・ 10^{-3}

μ（マイクロ）・・・・・ 10^{-6}

n（ナノ）・・・・・・・・・・ 10^{-9}

となります。

DNA の構造

DNA はヌクレオチドからなります。デオキシリボースの 1´ の炭素に塩基が結合し，5´ の炭素にリン酸が結合した構造がヌクレオチドです。

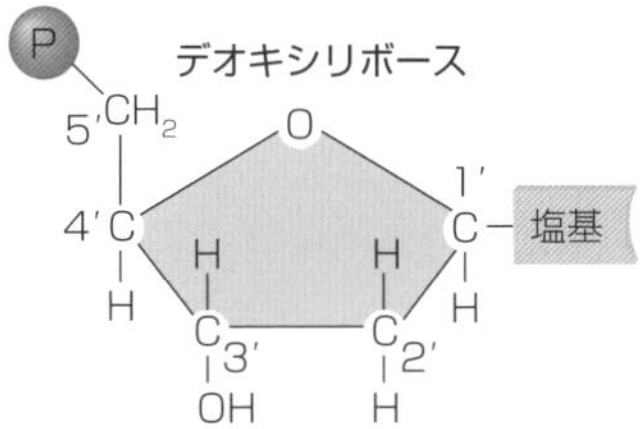

図 1　ヌクレオチド

このヌクレオチドが多数結合したものが，DNA となります。

図のデオキシリボースに塩基が結合したものが，ヌクレオシド，それにリン酸が結合したもの（塩基＋デオキシリボース＋リン酸）をヌクレオチドとよびます。

DNA は 2 本鎖で塩基どうしが結合しています。この結合は水素結合，塩基とデオキシリボースの結合はグリコシド結合，デオキシリボースとリン酸の結合は，ホスホエステル結合と呼ばれます。

また，ヌクレオチドどうしの結合はホスホジエステル結合と呼びます。ヌクレオチドのデオキシリボースにおける 3′ の炭素には水酸基（OH 基）が付いていて，ホスホジエステル結合では，この水酸基と次の新しいヌクレオチドの α 位（最も内側）のリン酸基とが結合します。そのために，ヌクレオチドが重合してできた DNA はその骨格部分（backbone）としてリン酸とデオキシリボースが交互に並び，それぞれのデオキシリボースから塩基が横に飛び出した構造をとるようになります。

ちなみに RNA の場合，糖がリボースとなりますから，構造は次のようになります。

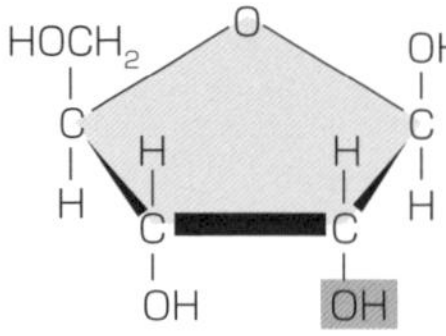

図 2　リボース

further study

RNA はリボヌクレオチドがつながってできたもので，DNA はデオキシリボヌクレオチドがつながってできたものです。リボヌクレオチドは図 2 の右下のピンクのところにヒドロキシ基（OH）がありますが，デオキシリボヌクレオチドでは酸素が抜けて（deoxy：デオキシ）水素だけになっています。

リボヌクレオチドとデオキシリボヌクレオチドはそれぞれ 4 種類あります。リン酸基とリボースの部分は共通ですが，塩基の部分が異なります。リボヌクレオチドの塩基は A（アデニン），U（ウラシル），C（シトシン），G（グアニン）で，デオキシリボヌクレオチドの塩基は A（アデニン），T（チミン），C（シトシン），G（グアニン）です。

リボース ribose	RNA（リボ核酸）の糖成分，各種ヌクレオチド・補酵素の構成成分として生体中に広く存在。 分子式 $C_5H_{10}O_5$
デオキシリボース deoxyribose	リボースから酸素 1 分子が取れたもの。DNA（デオキシリボ核酸）の糖成分として生体中に存在。 化学式 $C_5H_{10}O_4$
リボヌクレオチド ribonucleotide	リボースを含むヌクレオチド，すなわちリボヌクレオチド ribonucleotides は重合して RNA となる。
デオキシリボヌクレオチド deoxyribonucleotide	デオキシリボースを含むヌクレオチド，すなわちデオキシリボヌクレオチド deoxyribonucleotides は重合して DNA となる。

RNAの構造

RNAの特性

RNAは，DNAより複雑な立体構造をとりやすく，反応性も高い物質です。そのため触媒として機能することも可能です。ただし，RNAは安定性に欠けるという欠点があります。これはリボースの2′の位置にある水酸基（−OH）が，近くのリンに対して求核攻撃を起こすことがあります。リンが攻撃を受けると，ヌクレオチドをつなぐ共有結合が切れ，RNAはばらばらになってしまいます。その問題点が改良されたのがDNAで，DNAでは2′の位置の水酸基（−OH）が水素原子（−H）に置き換わっているため求核攻撃を行わず，ばらばらになりにくいのです。

もう1つ，シトシン（C）は細胞内で脱アミノ化を受けると，ウラシル（U）に変わってしまうという性質があります。脱アミノ化というのはアミノ基（$-NH_2$）が取れてしまう反応のことを言います。

図3を見てください。シトシンがもつアミノ基がとれてウラシルになる様子が示してあります。もし遺伝物質として2本鎖RNAを用いると，鋳型となるRNAにウラシル（U）が出てくると，元からUだったのか，それとも元はCだったのが脱アミノ化を受けてUになったのか，その区別ができません。元からUならばAが対になり，脱アミノ化を受けたならば，元はCなのでGが対になります。

このように，どちらを対にするかがわからない状況では遺伝物質としては不適当となります。

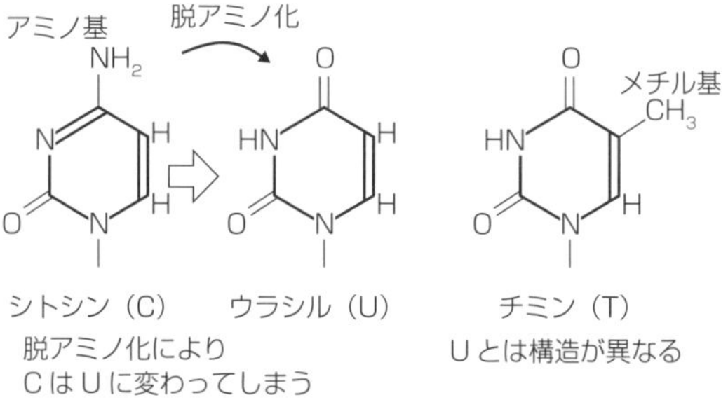

図3　シトシンの脱アミノ化

これがDNAであれば，状況が少し違ってきます。DNAでは構成する塩基にUはなくTがあります。もし，Cが脱アミノ化を受けたUが2本鎖DNA中に出てくると，複製する前にこれを見つけてCに戻すことを行います。これは実際にはUを切り取ってCに置き換えるのです。

チミン（T）はUのベンゼン環でH原子1個がメチル基（$-CH_3$）に変化しただけです。これによってCの脱アミノ化によってTにならないことがわかります。これが遺伝情報の安定性に貢献しているのです。

POINT

- 塩基どうしの結合は**水素結合**
- ヌクレオチドどうしの結合は**共有結合**

further study

水素結合は，酸素原子Oや窒素原子Nが水素原子を仲立ちとして作る結合で弱い結合。酵素や高温にすると切れてしまいます。

共有結合は，原子どうしが電子を共有してできる結合。結合力がとても強いです。

4　らせん構造の特定

研究成果

ワトソンとクリックの人物像 (Portrait of James Dewey Watson and Francis Crick)

1951 年，アメリカからジェームズ・ワトソンという 1 人の青年がイギリスのケンブリッジ大学に留学しました。彼は DNA のはたらきを知るには，構造を解明することが大事だと考えていました。

しかし，自分では X 線の実験をせずに，物理学者クリックと議論しては安物の金属をいじりまわしていました。おしゃべりばかりしていた彼らは，周囲からはよく思われていませんでしたが，熱心に議論を重ねていました。

ワトソン

クリック

1956 年に，ワトソンはハーバード大学の生物学部に職を得て，RNA とその遺伝情報の伝達に果たす役割に焦点を絞り，研究しました。ワトソンは 1976 年までハーバードの教授を続けましたが，1968 年からは**コールド・スプリング・ハーバー研究所**の所長職を引き継ぎました。

ワトソンは長らく，コールド・スプリング・ハーバー研究所に関わってきました。サルバドール・ルリアとマックス・デルブリュックは人気のあるサマーコースでファージの遺伝学について講義しました。またワトソンは大学院生時代に，科学者たちのための“サマーキャンプ”を楽しみました。ワトソンはコールド・スプリング・ハーバー研究所を，がん，神経生物学，基礎分子遺伝学の世界有数の研究施設にしました。ワトソンは2007年にコールド・スプリング・ハーバー研究所を定年退職しました。

英国のノーベル賞受賞者フランシス・クリック（1916–2004）の名前は，ダーウィンの進化論以来，生物学の理解における最も重要な進歩と考えられている1953年のデオキシリボ核酸（DNA）の二重らせんの発見と密接に結びついています。

ワトソンとクリックは，利用可能なX線データと模型を作ってDNAの構造モデルを試行錯誤して作成していきました。多くの矛盾が見つかっては修正を繰り返したようです。

彼らは，ロンドンのキングスカレッジのウィルキンスとフランクリンが撮影したDNAのX線パターンから「DNAは2本あるいは3本の分子がからみあった規則的ならせん構造のはずだ」と推測したのです。そして，ここからが少し判断基準が甘いようにも思えますが，生物のからだの構造は手や足などはたいてい1対になっているから，DNAも二重らせんの方で考えてみようと決めて，塩基がらせんの外側または内側かなど試行錯誤を繰り返しました。

■シャルガフの研究成果（Shargaf's research results）

シャルガフ

当時，コロンビア大学のシャルガフが「DNA中のAとT，CとGの含量はそれぞれ等しい」ということを発表していました。そこで，ワトソンは2本の鎖に含まれるAとT，CとGの組み合わせがちょうど同じ大きさになることを教えられ，2本の鎖の中でAとT，CとGが互いに結合した相補的なモデルをつくったところ見事に安定したといいます。

■分子生物学時代の幕開け (dawning of a new era in molecular biology)

科学専門誌『ネイチャー』1953年4月25日号に1ページ余りのごく短い論文が掲載されました。そこには，DNAが，互いに逆方向に結びついたらせん状の2本のリボンから成っていること，すなわち，二重らせん構造をしていることが示されていました。論文の共同執筆者ジェームズ・ワトソンとフランシス・クリックによって分子生物学時代の幕が切って落とされた瞬間でした。

further study

では，ワトソンとクリック「DNA 二重らせん」論文を読んでみましょう。
ここでは，はじめの部分を引用します。その後に，論文全体の大意を紹介します。

Nature April 25, 1953
Molecular Structure of Nucleic Acid: A Structure for Deoxyribose Nucleic Acid

We wish to suggest a structure for the salt of deoxyribose nucleic acid (D.N.A.). This structure has novel features which are of considerable biological interest. A structure for nucleic acid has already been proposed by Pauling and Corey. They kindly made their manuscript available to us in advance of publication. Their model consists of three intertwined chains, with the phosphates near the fibre axis, and the bases on the outside. In our opinion, this structure is unsatisfactory for two reasons：(1) We believe that the material which gives the Xray diagrams is the salt, not the free acid. Without the acidic hydrogen atoms it is not clear what forces would hold the structure together, especially as the negatively charged phosphates near the axis will repel each other. (2) Some of the van Der Waals distances appear to be too small. Another three-chain structure has also been suggested by Fraser (in the press). In his model the phosphates are on the outside and the bases on the inside, linked together by hydrogen bonds. This structure as described is rather ill-defined, and for this reason we shall not comment on it.

We wish to put forward a radically different structure for the salt of deoxyribose nucleic acid. This structure has two helical chains each coiled round the same axis (see diagram). We have made the usual chemical assumptions, namely, that each chain consists of phosphate dieter groups joining β-Ddeoxyribofuranose residues with 3´, 5´ linkages. The two chains (but not their bases) are related by a dyad perpendicular to the fibre axis. Both chains follow right handed helices, but owing to the dyad the sequences of the atoms in the two chains run in opposite directions. Each chain loosely resembles Furberg's 2 model No. 1 ; that is, the bases are on the inside of the helix and the phosphates on the outside. The configuration of the sugar and the atoms near it is close to Furberg's 'standard configuration', the sugar being roughly perpendicular to the attached base. There is a residue on each chain every 3.4Å in the z-direction. We have assumed an angle of 36° between adjacent residues in the same chain, so that the structure repeats after 10 residues on each chain, that is, after 34Å. The distance of a phosphorus atom from the fibre axis is 10 Å . As the phosphates are on the outside, cations have easy access to them.

The structure is an open one, and its water content is rather high. At lower water contents we would expect the bases to tilt so that the structure could become more compact. The novel feature of the structure is the manner in which the two chains are held together by the purine and pyrimidine bases. The planes of the bases are perpendicular to the fibre axis. They are joined together in pairs, a single base from one chain being hydrogen-bonded to a single base from the other chain, so that the two lie side by side with identical z-co-ordinates. One of the pair must be a purine and the other a pyrimidine for bonding to occur. The hydrogen bonds are made as follows : purine position 1 to pyrimidine position 1 ; purine position 6 to pyrimidine position 6.（以下，続く。）

（大意）

核酸の分子構造

デオキシリボ核酸（DNA）の構造を提案したい。既にPaulingとCoreyにより核酸の構造が提案されている。彼らのモデルは3本の絡み合った鎖からなるもので，リン酸は繊維軸の近くにあり，塩基が外側にある。この構造は2つの理由で不十分である。(1) X線回折図形の得られるような物質とすれば遊離酸でなく，塩になっているはずである。軸の近くのリン酸は負に帯電して反発し合うはずである。(2) ファンデルワールス距離は小さすぎるように見える。別の3本鎖構造がFraserによって提案されている。Fraserのモデルでは，リン酸は外側にあり，水素結合で繋がった塩基が内側にある。

私たちは，DNAの構造について異なる構造を提唱する。この構造は，それぞれ同じ軸の周りにコイル状に巻かれた2つのらせん状の鎖を持っている。それぞれの鎖が3′，5′結合する β-Dデオキシリボフラノース残基を有するリン酸ジエステル基からなる。2本の鎖は，繊維軸に垂直な塩基対でつながれている。どちらの鎖も右巻きだが，2本の鎖で原子は逆方向に並ぶ。それぞれの鎖は，塩基はヘリックスの内側にあり，リン酸塩は外側にある。糖とその周辺の原子の配置は，糖が結合する塩基に対して垂直の配置となっている。z軸方向に各鎖に残基が3.4Åごとにある。それぞれの鎖で構造が10残基ごと，つまり34Åごとに繰り返すようにするために，同じ鎖で隣り合う残基の間の角度は36°と仮定した。繊維軸からリン原子への距離は10Åである。リン酸塩は外側にあり，陽イオンはリン酸塩に接近しやすい。

二重らせん構造は開いていて，水をかなり多く含む。含水量が少ないとき，塩基を傾けることで構造はよりコンパクトになると予測される。この構造の特徴は，2本のらせん鎖がプリン塩基とピリミジン塩基によって結合していることである。塩基の面は繊維軸と垂直になっている。そしてこの結合は対になっており，1つの鎖にある塩基はもう1つの鎖にある塩基と水素結合をなしている。そのため，この2つの塩基は同じz座標に並んでいる。塩基間の結合ができるためには，一方はプリン塩基，他方はピリミジン塩基でなければならない。プリン塩基の1位には，ピリミジン塩基の1位，プリン塩基の6位には，ピリミジン塩基の6位が配位するように水素結合が形成されている。

塩基が最も妥当な互変異性型の構造でのみ存在すると仮定すると，特定の塩基対同士のみが結合することができる。その組み合わせは，アデニンとチミン，グアニンとシトシンである。一本鎖上の塩基の配列は全く制限されない。特定の塩基対のみが形成され得るなら，一方の鎖上の塩基の配列が与えられれば，他方の鎖上の配列が自動的に決定されることになる。DNAでは，チミンに対するアデニンの量の比率もシトシンに対するグアニンの比率も，常に1に近いことが実験的にも確認されている。

特定の塩基対が遺伝物質の複製機構に働く。この構造の詳細については，構造を構築する際に仮定した条件や原子座標を含んだ形で，後に公表する予定である。われわれは，特に原子間距離に関して常にアドバイスと批判を寄せてくれたDr. Jerry Donahueに感謝する。また，ロンドンのキングスカレッジのDr. M. H. F. WilkinsおよびDr. R. E. Franklin，その共同研究者らの未発表の実験結果とアイディアの概要について知ったことも刺激になった。

ノーベル賞へ

分子生物学の研究者間の人間関係

1953年2月上旬，世界中の研究者がDNAの構造を解明すべく，激しい競争に明け暮れていました。ここで1952年当時のワトソン，クリック，ウィルキンス，フランクリンの立場について説明しておきましょう。

ワトソンとクリックは共同研究者というか雑談や討論相手となっています。一方ウィルキンスとフランクリンは先輩と後輩の関係で同じX線回折でDNAの構造分析を行っていました。つまり「ワトソンとクリック」VS「ウィルキンスとフランクリン」という関係で両者は研究のライバルでした。しかし，ウィルキンスとフランクリンの仲は決してよいとは言えないものでした。

24歳のワトソンと36歳のクリックも，野心を燃やし，演繹的アプローチ（一般的な前提から，経験に頼らずに論理によって個別の結論を導き出す方法）によってDNA構造に迫ろうとするも，思考を飛躍的に推し進めるデータや観測事実が欠けていて，かなり焦慮していていました。

一方，32歳のロザリンド・フランクリンは，女性，ユダヤ人という当時のハンディキャップを乗り越え，個々のデータと観察事実を地道に積み上げていく帰納的アプローチ（個々の具体的な事実から共通点を探り，そこから一般的な原理や法則を導き出す方法）でDNAの構造解明を目指していました。

当時，フランクリンは職場の先輩モーリス・ウィルキンスと衝突を繰り返しており，その半面，ウィルキンスはライバルのワトソン，クリックとは友好関係にあるという奇妙な背景の中で，事件が発生するのです。ウィルキンスがフランクリンの撮影したDNAの三次元形態を示すX線写真を密かに複写したものを，ワトソンにこっそり見せてしまったのでした。「その写真を見たとたん，私は唖然として胸が早鐘のように高鳴るのを覚えた。……写真のなかでいちばん印象的な黒い十字の反射はらせん構造からしか生じえないものだった」とワトソンの後与の著書に書かれています。つまり DNA の二重らせん構造をモデルとして論理的構築していたのですが，エビデンスがそれまではなかったのでした。

ところが，これにとどまらず，クリックは 1953 年の 2 月中旬に，フランクリンが全く知らぬ間に，フランクリンの許可なく DNA に関する彼女のデータを覗き見していたのです。というのは，フランクリンが研究資金の提供を受けていた英国医学研究機構に提出を義務づけられていた研究報告書を，クリックは見ることができたのです。この報告書はワトソンとクリックにとってありえないほど貴重な意味をもつ文書だったのでした。そこには生データだけでなく，フランクリン自身の手による測定数値や解釈も書き込まれていました。おそらく，ワトソンとクリックはこの報告書を前にして，初めて自分たちのモデルの正しさを確信できたのです。2 か月後に彼らはフランクリンのデータに裏付けられた結果から作成した論文を『ネイチャー』誌に送りました。フランクリンと対立していたと書かれたウィルキンスは微妙な立場でした。彼は，フランクリンに無断で，ワトソンに DNA の X 線回折データを見せたとされています。でもワトソンは，自分の剽窃の罪を，巧妙にウィルキンスになすりつけたようです。これはワトソンの後半の人生に彼の人柄を反映するような様々なことが出てくるからです。ワトソンの著書の中で，フランクリンを意地悪な女性として描いていることからも予想がつきます。しかし，論文作成にフランクリンの結果は非常に有益であったことも認めています。ワトソンは 2007 年の英紙サンデー・タイムズでも，「アフリカの展望については本質的に悲観的」な見解を持っていると述べ，黒人の知性が劣ることを述べています。人種問題での偏見はあってはならないことで，研究者としては超一流であっても，社会人としては多少問題があるようですね。

ウィルキンス

おかげで，ウィルキンスは悪者にしたてあげられ，ノーベル賞の受賞理由が，部下のデータをライバルのワトソンに渡した功績というのだから研究者としては，最大の侮辱であったことでしょう。

▨ノーベル賞の光と陰（bright and dark side of Nobel prize）

1962年の暮れ，ノーベル賞授賞式の檀上には，生理学･医学賞のワトソン，クリック，ウィルキンスと，化学賞のペルーツの輝くばかりの晴れ姿がありました。最も重要な寄与をしたフランクリンは，彼らの犯罪を知ることなく，4年前の1958年4月，卵巣がんに侵され37歳でこの世を去っていました。X線を無防備に浴び過ぎたことが，彼女の早過ぎる死に繋がったのではないかといわれています。

恐らくフランクリンが存命していれば，ワトソン，クリック，フランクリンという3人の受賞者が選ばれていた可能性が高いと考えられています。

1962年のノーベル賞受賞者のうち，分子生物関係者が5人もいました。モーリス･ウィルキンス（生理学･医学賞），フランシス･クリック（生理学･医学賞），ジェームズ・ワトソン（生理学・医学賞），マックス・ペルーツ（化学賞），ジョン・ケンドリュー（化学賞）です。ペルーツとケンドリューは化学賞受賞と言ってもこれは分子生物に関連する内容で，分子生物学が一気に開花したときと言ってもいいものです。

5 DNA鎖

二重らせん

塩基配列が情報をもつ（base sequences have information）

2本のDNA鎖の塩基配列は互いに相補的で，片方がアデニンであれば他鎖の対合する塩基はチミン，片方がグアニンであれば他方はシトシンです。DNA分子の複製に際しては，それぞれの鎖を鋳型として相補的な塩基配列をもつDNA鎖が合成されます。したがって複製が完了すると，全く同じDNAらせんが2本存在することになり，核分裂時に2個の娘核にそれぞれ母核と同じDNA分子が配分されることになります。さらに，DNAの一方の鎖に並んだヌクレオチド塩基の配列が遺伝情報をもっており，特定の塩基配列が特定のタンパク質分子のアミノ酸配列に対応すると考えられました。

DNAは逆平行（inverse parallelism）で右巻きの二重らせん

DNAはバクテリアからヒトまで2本鎖で遺伝子として働きます。2本鎖の向きは互いに逆方向になっています。ただし，ウイルスは例外で2本鎖のDNAもありますし，1本鎖のものもあります。そもそも遺伝子としてDNAではなくRNAをもつものもありますから，これは除外しておきましょう。

DNAは5′から3′の方向が互いに逆になっています。これを逆平行（antiparallel）といいます。そしてDNAは逆平行で右向きの二重らせん（double helix）を巻いています。右向きは時計の針の回転する方向と考えてください。

DNAの構造の特徴

(1) 3.4nmごとにらせんが1回転しています。この間に10個のヌクレオチド対が存在します。(2)らせんの直径（幅）は2.0nmです。(3)相補的（complementary）な塩基対を形成します。AとT，CとGが対をなします。

- **2本鎖の方向性（directionality of double-stranded DNA）**：互いに逆向きのものが平行に並んでいる。
- **塩基の相補性（base complementarity）**：AとT，CとGが特異的に結合する→**シャルガフのA＝T，G＝Cというシャルガフの法則が成立する。**
- **塩基対**：対になった塩基（A−T，G−C）を塩基対（base pair）といい，遺伝子やDNA断片の大きさを表す単位として用いる。

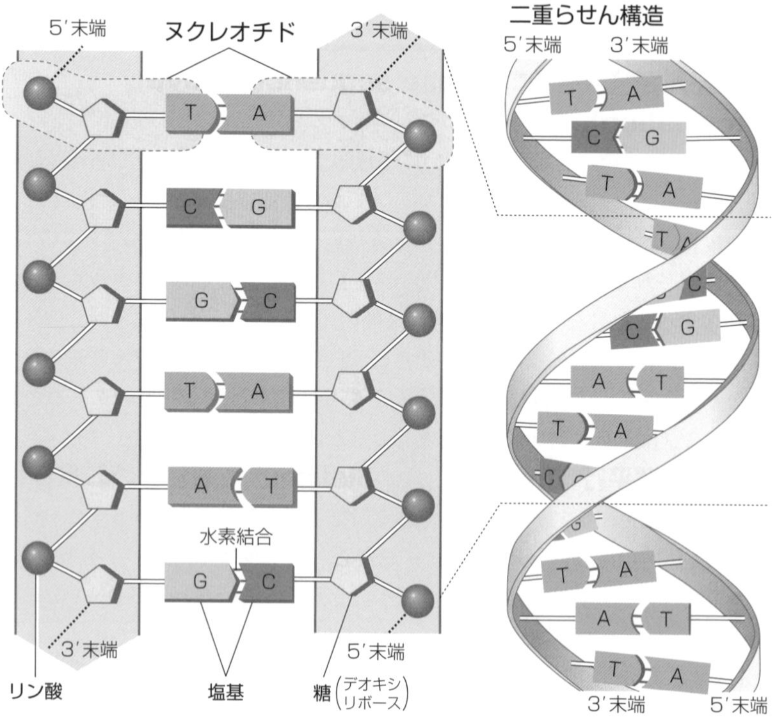

図1　DNAの二重らせん構造

DNA塩基の配列とタンパク質

3つの連続した配列が1種類のアミノ酸を指定する

3つ組塩基のことをトリプレット（triplet）と言います。これを唱えたのがガモフという学者で，1955年のことでした。ただし，DNAが直接タンパク質指令を仕切るのではなく，RNAを介してタンパク質合成を行うことがその後わかり，DNAの2本鎖のうちどちらか一方の情報を写し取ってタンパク質合成を行うものでした。mRNAの鋳型となる方のDNAをアンチセンス鎖（antisense strand），鋳型とならない方をセンス鎖と呼びます。遺伝子ごとにより，どちらかの鎖が鋳型になったりならなかったりします。

●ジョージ・ガモフ
（George Gamow, 1904-1968）

1928 年，レニングラード大学を卒業後，ケンブリッジ大学へ移籍。のちコロラド大学に移りました。1928 年に，放射性原子核のアルファ崩壊に初めて量子論を応用し，それまで実験的に知られていたガイガー・ヌッタルの法則を導きました。

1950 年代には生物学，特に遺伝情報に関する研究へ傾倒しました。彼がジェームズ・ワトソンに働きかけ，フランシス・クリックやリチャード・ファインマンらと 1954 年に結成した社交クラブは，研究者同士の交流や創造的なアイデアの発想の場となりました。その中で彼自身も，DNA の遺伝情報について，塩基配列 3 つの組み合わせがタンパク質の素であるアミノ酸の情報となると予想しました。

物理学者のガモフは，既に 1955 年に，重なり合う 3 つ組塩基がアミノ酸を指定するという考えを持っていました。しかし，塩基対それぞれにいずれかのアミノ酸とかみあうくぼみがあるという考えは誤りでした。なぜなら，DNA のある場所とタンパク質合成の場所は違っていたからです。1955 年にクリックはアミノ酸ごとに特定のアダプター分子（それ自体が小さな RNA 分子← tRNA）があり，それによってアミノ酸がタンパク質合成の場に運ばれると予想していました。これは正しかったのです。

ガモフの考え方（Gamow's hypothesis）

ガモフはDNA に興味をもち，イングラムがDNA 塩基の配列とタンパク質のアミノ酸配列との決定的関係を明らかにする以前から，DNA とタンパク質の関係に関心を寄せていました。生物学がついに精密化学になりつつあると感じたガモフは，アデニン，チミン，グアニン，シトシンを意味する一, 二, 三, 四という数字の長い羅列だけによって，あらゆる生物が遺伝学的に説明される日が来るだろうと予想していました。

彼はすでに,「重なり合う 3 つ組の塩基」（オーバーラッピング・トリプレット）がアミノ酸を指定するという考え方の枠組みを打ち出していました（GATTACA という配列なら，GAT˝ ATT˝ TTA´ TAC がそれぞれアミノ酸を指定することになる)。

ワトソンとのやりとりで，ワトソンがガモフに，DNA そのものを鋳型としてアミノ酸が並んでいき，それがつながってポリペプチド鎖になることはありえないことを指摘しています。タンパク質は, DNA の存在する場所（すなわち核内）で合成されるわけではないことは，すでに示されていました。実際，細胞から核を取り除いても，タンパク質が作られるペースに直接的変化はないことが知られていたのです。

現在では，タンパク質が作られるのはリボソームという微粒子だということがわかっています。そのリボソームには，RNA という，2 番目の核酸が含まれています。

RNA が生命というパズルのなかでどんな役割を果たしているのかは，当時はまだよくわかっていなかったのです。

フランクリンの研究成果

●ロザリンド・フランクリン
（Rosalind Elsie Franklin，1920-1958）

DNA に X 線を当てると DNA 分子内の構造によって，様々な方向に X 線が散乱します。この方法は X 線回折と呼ばれています。これが後にワトソンとクリックの DNA 二重らせん構造の解明に影響を与えました。

■フランクリンの業績と時代背景（Franklin's achievements and the background of the times）

ノーベル賞の陰でフランクリンの業績が埋もれてしまうのはいけないので，少し述べておきましょう。DNA の構造解明におけるフランクリンのキャリアと研究論文，特に DNA の構造を解明する際に彼女が果たした触媒的な役割について，見直す作業が進められています。1950 年代のバークベック・カレッジ（英国ロンドン）での実り多き 5 年間に，X 線の技術を用いてタバコモザイクウイルス（TMV）の RNA の構造を解明しました。後に彼女のトレードマークとなる詳細な X 線回折像を生成し，TMV のらせん構造に関するジェームズ・ワトソンの解釈の誤りを指摘しています。

ワトソン，クリックに関するところでもフランクリンについて述べておきましたが，フランクリンは，ロンドン大学のキングスカレッジに在職しているときに，ウィルキンスが精製した DNA 分子の非常に精密な写真を撮ることに成功しました。この写真を手掛かりにして DNA 構造の解析を研究していたのです。当然ワトソン，クリックとはライバル関係にありました。

ウィルキンスの計らいで2人はフランクリンの撮影した写真を目にすることができ，DNA構造の決定的な手掛かりを得たのでした。フランクリンは1958年に37歳という若さで亡くなってしまいます。その4年後に二重らせん構造の発見ということで，ワトソン，クリック，ウィルキンスがノーベル賞を受賞しています。

ノーベル賞は生存者が対象，同一研究で3人までが受賞対象になります。フランクリンが生存していれば，ウイルキンスの受賞はなかったというのが多くの生物学者の見解のようです。ワトソン，クリックのモデルの提案が分子遺伝学の先駆けとなり，ノーベル賞に値する偉大な内容を含むことには違いはないですが，そのモデル化に際してフランクリンの知らない間に，彼女が苦労して得たX線回折写真や結晶学的情報をワトソンとクリックにウィルキンスがこっそりと見せているのは科学者として恥ずべき行為です。

いずれにせよ，フランクリンが研究活動をしていた1950年代は，男性中心社会で，業績も不当に低く評価されていたようです。また，彼女自身ユダヤ人ということも人種差別が強く残っていたヨーロッパでは不利に働いていた可能性があります。

遺伝子情報の伝達

DNAには遺伝情報を伝える働きがある

遺伝情報を子孫に伝えるためには，DNAの情報を複製する必要があります。正確に複製するためには，ミスがあったらすぐに修正しておく必要があります。この働きは，DNAポリメラーゼという酵素が行います。

DNAポリメラーゼは新生鎖を5′→3′の方向に伸長させることができますが，逆方向に伸長させることはできません。そこで，2本の鎖は互いに逆方向に向いていますから，一方は連続的に複製されていきますが，他方は不連続にしか複製されません。ここが問題になります。これに貢献したのが，岡崎令治でした。

彼が活躍したときは，コーンバーグがDNAの複製に関わる酵素（DNAポリメラーゼ）を発見，この酵素を使って試験管の中でDNAを合成してみせました。2年後の1958年には，DNAの2本の鎖が分かれてそれぞれを鋳型として，新しい鎖が作られる（半保存的複製）ということが証明されるなど，DNAの構造と複製に関する報告が次々と出ました。世界の分子生物学の水脈は，泉となって噴き出し，確実に大河となることを予想させていました。

●アーサー・コーンバーグ
（Arthur Kornberg，1918-2007）

単離・純化した酵素（DNA ポリメラーゼ，コーンバーグ酵素として知られる）を用いて試験管内で DNA 分子の正確な複製を合成させることに成功し（1956），遺伝機構解明のその後の発展の基礎を築きました。

DNA ポリメラーゼの発見（Discovery of DNA polymerase）

DNA ポリメラーゼ（DNA 依存性 DNA ポリメラーゼ）は，DNA 複製において中心的な働きをする酵素であり，RNA がプライマーとなってヌクレオチドの付加（重合）を行います。また，エキソヌクレアーゼ活性（DNA 鎖の末端からヌクレオチドを 1 つずつ切り離す活性）も持っており，誤って取り込まれたヌクレオチドを除去する校正機能の役割も果たしています。

通常 DNA ポリメラーゼという場合，DNA 依存性 DNA ポリメラーゼを指すことが多いです。RNA 依存性 DNA ポリメラーゼには逆転写酵素やテロメラーゼなどが含まれます。3 種類の DNA ポリメラーゼ（DNA ポリメラーゼⅠ～Ⅲ）が存在し，そのうち DNA ポリメラーゼⅠはアーサー・コーンバーグによって最初に発見されたものです。

6　DNAの複製

DNAの複製（replication of DNA）

DNAの複製は半保存的複製（semiconservative replication）

●マシュー・メセルソン

（Matthew Stanley Meselson，1930-）

コロラドのデンバーで生まれた分子生物学者です。シカゴ大学教養学部で学び，カリフォルニア工科大学で物理化学を専攻しました。メセルソンの学位の課題はある特別なタンパク質の構造を解明するためにX線結晶学を使うことでした。その後，同大学で准教授，教授を経てハーバード大学の教授となっています。

●フランク・スタール

（Frank William Stahl，1929-）

スタールは，マサチューセッツのボストンで生まれ，ハーバード大学を卒業した後，ロチェスター大学に進み学位を取りました。1955年～1958年までカリフォルニア工科大学で生物学の研究を続け，ミズーリ大学やオレゴン大学の教授となっています。

ワトソンとクリックDNAのモデルでは，自分と全く同じDNAをどのようにして作りあげるのかが詳しくはわかりませんでした。1950年代はこのDNAの複製機構について3つの仮説が存在していたのです。

- **保存的複製**（conservative replication）：元のDNA鎖はそのままに保存し，それと同じものを複製する。全く元の通りの鎖と全く新しい鎖ができる。
- **分散的複製**（dispersive replication）：元の鎖は部分に分かれ，それを補う形で新しい鎖が作られる。新しい二重鎖は，それぞれに部分的に古い鎖を含む。
- **半保存的複製**（semiconservative replication）：もとのDNA鎖を2つに分け，それぞれを鋳型として新しいDNA鎖を作る。新たに生じた2本の二重鎖はそれぞれに古い鎖を1本ずつ含む。

3つの複製様式を図示すると次のようになります。

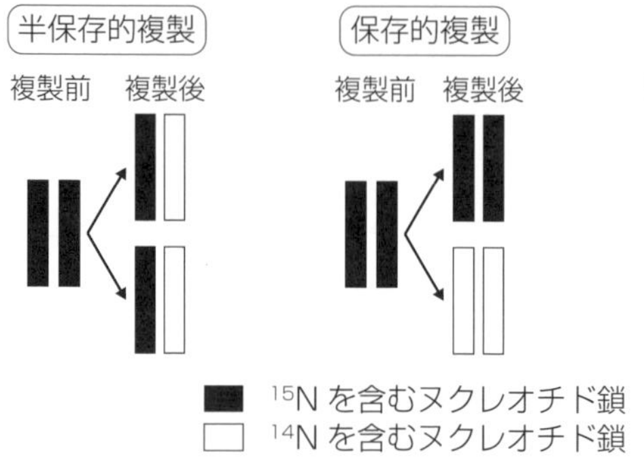

図1　3つの複製様式

メセルソンとスタールはこのうち半保存的複製が正しいことを巧みな実験によって示したのです。

メセルソンは生物物理化学者で，大学院生のときに密度を利用してDNA分子を分離する方法を開発しています。ある種の塩溶液（塩化セシウム：CsCl）を，非常に高速度で48時間程度遠心すると，遠心力の作用により，塩は遠心管の底のほうに沈んでいきます。塩は水より密度が大きいので管の底は密度が最も大きく管の上ほど密度が軽くなります。

DNAを塩溶液に加えた後で遠心すると大きなDNA分子は同じ密度をもつ塩溶液のところに，小さな分子は管の上の密度が小さい塩溶液のところに帯状に集まります。**つまり，密度の異なるDNAは管の別々の場所に集まるから分離できることになります。**

スタールは，遺伝学者として生物的知見をもって決定的な実験に寄与しています。大腸菌を窒素の重い**同位体**★ ^{15}N を含む培養液中で数日間培養しました。培養することでDNA中のNのほぼすべてを ^{14}N から ^{15}N に置き換えました。大腸菌は ^{15}N であっても通常の速度で増殖していきます。

biological words

★同位体
同じ元素で，質量数（陽子と中性子の数）の異なる原子を互いに同位体という。

分裂するごとに，一部の大腸菌を抽出して遠心分離すると，分裂する前はすべて重い ^{15}N からなるDNAであったので試験管の底に位置しますが，1回分裂すると試験管の中間の位置にのみ出現し，2回分裂すると試験管の中間の位置と上部に1：1の割合で出現しました。3回分裂すると試験管の中間の位置と上部に1：3の割合で出現しました。

これは1回目の複製においては，^{15}N－DNAが2本の^{15}Nに鎖に分かれます。この各々を鋳型として，新しい鎖が2本合成されます。この鎖は^{14}Nでできているので，1回分裂した後では1本の^{15}N鎖と，1本の^{14}N鎖とからなるDNA鎖です。これが中間の重さのDNA（ハイブリッドDNA）として観察したのです。

2回目の複製の際には，ハイブリッドDNA（^{15}N－^{14}N－DNA）がまた2本の鎖に分かれます。鋳型となる鎖の半分は^{15}N，他の半分は^{14}Nです。これらに相補的な鎖としてつくられる新しい鎖は^{14}Nです。したがって，2回目の分裂が終了している場合は，DNAは2種類できることになります。1つは^{14}Nだけからなるもので，もう1つはハイブリッドDNAで両者は1：1の比で存在することになります。

保存的複製と半保存的複製と分散的複製

保存的複製（conservative replication）の否定

メセルソンとスタールの実験はワトソンとクリックの複製仮説を実証したにとどまりません。この実験により保存的複製（全保存的複製）が否定されたのです。この保存的複製では2本鎖のDNAが分離せず鋳型となって新しいDNAができるという考え方です。もし，この考えが正しいならば，1回分裂した後は，半分が重い^{15}NからなるDNAで，残り半分が新たに合成された^{14}NからなるDNAとなるはず。ところが，実験結果ではすべて中間の重さのハイブリッドDNAでした。これによって，保存的複製は完全に否定されました。

ただし，1回の分裂結果で否定されるのは保存的複製だけで，半保存的複製と分散的複製は同じ結果でどちらが正しいかはまだわかりません。

1回の分裂したときの遠心分離したときのDNAの分布は次のようになります。

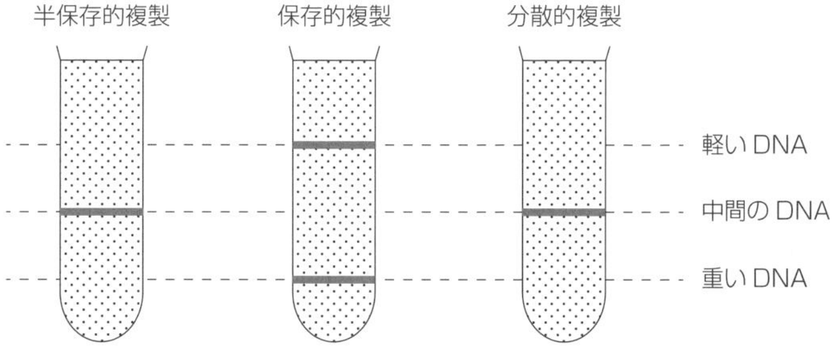

古いDNAには重い^{15}Nが含まれ，新しいDNAには軽い^{14}Nが含まれています。半保存的複製では古いDNAの１本鎖を鋳型に新しいDNAの１本鎖が作られるので，１回分裂後の大腸菌のDNAは中間の重さになります。分散的複製では古いDNAと新しいDNAの断片が組み合わさってDNAの２本鎖が作られるのでこれも中間の重さになります。しかし，保存的複製では古いDNAの２本鎖を元に新しいDNAの２本鎖ができるので，１回分裂後の大腸菌のDNAは重いDNAと軽いDNAの２つだけができるので実験１の結果と異なる。

分散的複製の否定

１回分裂した結果だけでは，半保存的複製と分散的複製は否定されません。２回分裂した後で，初めて半保存的複製が正しいことになります。２回分裂した後に予想されるDNAの分布は次のようになります。

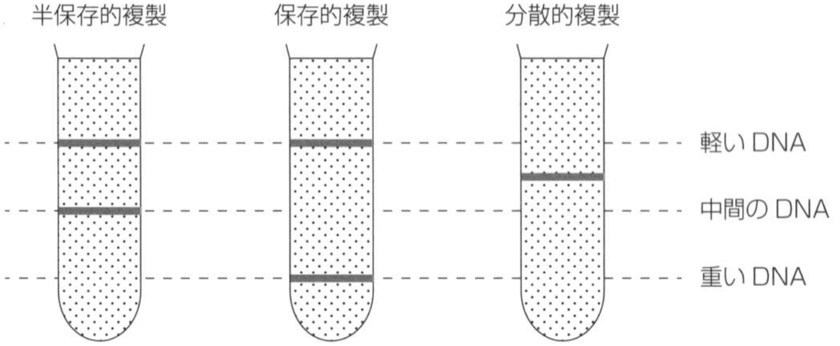

１回分裂後では中間の重さのDNAのみが見られ，２回分裂後では中間の重さのDNAと軽いDNAの両方が見られました。これは，２回目の分裂で古いDNAの１本鎖を鋳型に新しいDNAの１本鎖を作るケース（中間の重さのDNA）と新しいDNAの１本鎖を鋳型に新しいDNAの１本鎖を作るケース（軽いDNA）が見られるということであり，半保存的複製が正解となります。

DNAの複製起点

DNAの合成は複製起点（replication origin）から始まる

DNA合成を始めるためには，複製起点（レプリケーター）とよばれる特別な塩基配列に結合する開始タンパク質で，これが２本鎖を引き離し，塩基間の水素結合を切ることから始まります。水素結合は多数まとまってDNAのらせん構造を安定化させていますが，個々の結合は弱くなります。複製起点はA-Tの多い部分がなることが多いです。

細菌のゲノムは環状DNAで，複製起点は1個であるのに対して，ヒトゲノムでは，複製起点が約10000個（染色体1個あたり220個）もあります。これだけの複製起点で同時にDNA複製を開始するため，ゲノム全体の複製に関わる時間が大幅に短縮されます。

真核生物の複製起点（replication origin）と複製フォーク（replication fork）

複製は，DNA上の特別な塩基配列である複製起点（replication origin，起点：origin）から開始されます。複製起点周辺で部分的に二重らせんが解かれ，親鎖の途中に2本の**ssDNA**★1が現れる。直ちに，様々な酵素の複合体がssDNAに結合し，プライマーと呼ばれる短いRNAがssDNA上に合成される。ここまでが複製開始段階です。次の伸長段階で，DNA合成酵素のDNAポリメラーゼ（DNA polymerase）を含む複合体（複製装置，replication machinery）が親ssDNAに結合します。オリ（ori）とはDNA複製開始のシグナルであるDNA塩基配列のことであり，単にオリジンともよばれます。

この状態をもう少し詳しく見てみましょう。

複製起点は特別な塩基配列を持っていて，複製装置はその配列を認識して複製を開始します。原核細胞のもつ環状DNAでは，複製起点は1つあれば十分です。それは，複製起点から始まった伸長フォークが環の反対側で出会えば複製が完了するからです。

しかし，真核細胞の染色体はそれぞれ長い線状のDNAからできています。このようなDNAには複数の複製起点があり，1つの起点から始まった2つの伸長フォークは，各々の隣の起点から進んできた**複製フォーク**★2と出会うまで進行を続けます。単一の起点で複製される各領域のことをレプリコン（複製単位）といいます。

biological words

★1 ssDNA
ssDNAはデオキシリボヌクレオチドの直線状の単一鎖として存在する。ちなみにdsDNAは水素結合によって結合した2つの相補的なデオキシリボヌクレオチド鎖として存在すること。

biological words

★2 複製フォーク（replication fork）と伸長フォーク（growing fork）
複製前のdsDNAがssDNAにほどかれる分岐点を複製フォークという。そして，複製フォークから新たに合成されて伸びていくDNAを伸長フォークという。

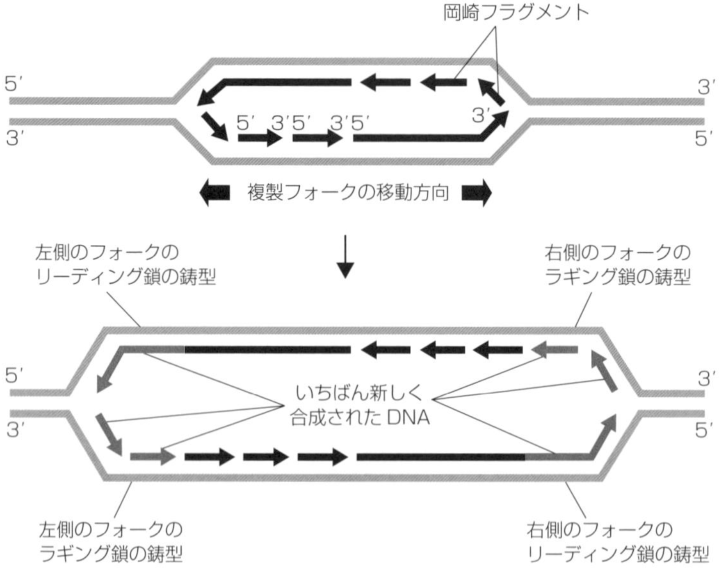

図2　DNAの複製フォーク

図の複製フォークでは，DNA鎖は両方とも5′→3′に合成されるので，ラギング鎖側のDNA断片は短いDNAとして合成され，それがつなぎ合わさって長いDNAとなります。上の段の模式図では互いに反対方向へ複製中の2個の複製フォークを表しています。

下段の方は，同じ複製フォークの少し時間が経過した状態を示しています。ラギング鎖ではDNAポリメラーゼはまず，5′→3′方向へ短い断片を合成し，その後で，鋳型鎖に沿って後戻りし，改めて次の断片を合成します。このようなDNAポリメラーゼの挙動を「返し縫い法」と呼びます。

DNAの合成の特徴

複製起点では，まず2個の複製フォーク（左右に1個ずつ）が形成され，複製フォークごとに1個の複製装置がDNAに沿って動いて，らせんの2本鎖を開き，それぞれの鎖を鋳型にして新しい娘鎖を合成する。2個の複製フォークは両側へ，らせんをほどいて移動しながらDNAをコピーしていきます。

細菌や真核生物の染色体の複製もこの方式で行われるので，両方向性といいます。複製フォークの速度は，細菌では1秒間に約1000塩基，ヒトでは約100

塩基です。ヒトの方が複製フォークの移動が遅いのは，染色体の複雑なクロマチン構造を通過しながら複製するのが難しいためと考えられています。

原核細胞と真核細胞の DNA 複製の比較

比較する内容	原核細胞（大腸菌）	真核細胞（ヒト）
細胞あたりの塩基対数	4.6×10^6 塩基対	6.0×10^9 塩基対
DNA の形状	環状 DNA（両端なし）	線状 DNA（両端あり）
ヒストンタンパク質の有無	なし	あり
複製起点数	1 カ所	10^4 カ所
プライマー RNA の塩基対数	約 5 塩基	約 10 塩基
岡崎フラグメントの塩基数	約 1000 塩基	約 200 塩基
複製フォークあたりの複製速度	約 1000 塩基/秒	約 100 塩基/秒

7　岡崎フラグメント

研究の経緯

■岡崎令治の研究の始まり（the beginning of research）

1960 年代の中ごろ，DNA の複製機構について逐次的合成という新たな情報が出され，いくつかの理論的問題が浮かび上がってきました。複製中の染色体を放射性物質で標識すると，Y 字型に二重鎖がほどけ，同一方向に複製が進むように見えます。ところが，試験管内の実験では，DNA ポリメラーゼは 5′→3′方向にしかヌクレオチドの重合反応を行わないのです。DNA の二重鎖は，塩基の並ぶ方向が逆で，複製の方向も逆になるはずなのに，なぜ同じ方向に進んでいけるのか，この謎の解明が，彼ら（岡崎夫妻）の大きなテーマになりました。

3′→5′方向に反応を進める酵素が発見されていないだけなのかもしれないという説もありましたが，彼らは，巨視的には同じ方向に複製が進むように見えますが，小さいレベルで見ると，じつは 3′→5′方向の鎖は逆向きに不連続な複製を小刻みに繰り返しており，それを繋いでいく形で，複製が進むのだと考えました。

■ DNA ポリメラーゼの種類（types of DNA polymerases）

DNA の複製などの研究は大腸菌の DNA を用いて行われてきました。この DNA ポリメラーゼには，少なくとも 3 種類あります。DNA ポリメラーゼⅠ，Ⅱ，Ⅲです。中心的なものは DNA ポリメラーゼⅢです。DNA ポリメラーゼⅠは DNA 損傷の修復に働く酵素です。しかし DNA ポリメラーゼⅢを変異させると DNA の複製が行われませんが，DNA ポリメラーゼⅠが欠失した場合であっても複製のレベルが低下してしまいます。DNA ポリメラーゼⅡも DNA 損傷の修復に働きます。

■岡崎フラグメントの発見（finding Okazaki fragments）

岡崎は細胞に放射性チミジンを取り込ませ，合成の方向を解析することにしました。でも複製は，細胞内で毎秒 1000 ヌクレオチドという猛スピードで進んでいます。そこで，低温にして反応スピードを下げ，標識時間を数秒という短い時間にするという作戦で，標識したチミジンが DNA 分子のどの末端に取り込まれるかを見る実験をしたのです。その結果，1000 ～ 2000 塩基対の短い DNA 鎖が検出できました。このことから，まず，小さいものを作ってそれを繋げるという不連続複製を示すものでした。

●岡崎　令治（1930-1975）

岡崎フラグメントを発見したのが 1966 年。これは画期的なことであり，ノーベル賞に最も近い日本人でした。その後プライマーなども発見され，DNA の複製機構の全容が解明されました。1975 年，44 歳の若さで慢性骨髄性白血病により急逝しました。

■岡崎フラグメント Okazaki fragment への反論

最初は，抽出の時に短くなったのではないかと疑われ，否定的な声が多いものでした。反論の理由はいくつかありました。不連続に複製されているとすると，常に新しい合成を始めなければなりませんが，DNA ポリメラーゼでは開始させることができません。それなのに，開始のための先導配列（RNA プライマー）が見つかっていませんでした。さらに，新しくできた短鎖を一本に繋ぐための酵素も見つかっておらず，また，3´→5´への合成酵素がある可能性を否定されていないなど，どれももっともなものでした。

後に，プライマーが見つかりましたが，これは RNA プライマーで合成が完了すると分解されてしまいます。

further study

DNA ポリメラーゼはプライマーがないと合成を開始できません。プライマーなしに相補鎖を合成できるのは RNA ポリメラーゼだけなので，まず RNA ポリメラーゼの一種であるプライマーゼが短い相補鎖を合成します。これがプライマーとして与えられることではじめて，DNA ポリメラーゼが伸長反応を行うことができます。

■短鎖（岡崎フラグメント Okazaki fragment）の証明

短鎖が本当に働いていることを証明するにはどうするか？ 枯草菌などほかのものでも，不連続複製の可能性を示す結果を得て，1967 年，アメリカに滞在中，彼らにとって嬉しい発見が出されました。DNA 同士を繋ぐ酵素，DNA リガーゼが大腸菌や T_4 ファージで見つかったのです。新しくできた短鎖を繋ぐものとして予想していたものでしたので，さっそく標識実験を行ったところ，DNA リガーゼが働かない条件では長鎖の形成が抑えられて短鎖が蓄積し，働く条件では短鎖が連結してDNAの長い鎖が複製されたのです。

further study

1968 年，コールド・スプリング・ハーバーのシンポジウムで岡崎令治が発表，大きな評判を呼びました。メセルソン（ハーバード大学）が，複製フォークの分岐点にイチジクの葉を置いて「ここが謎だ」と言ったのを受けて，「今，それは明らかになった」と葉っぱをはがしてみせ，聴衆を沸かせたというエピソードでした。彼らが新生短鎖と呼んだDNA断片は，その後，岡崎フラグメントと呼ばれ，定着しました。

Column　コールド・スプリング・ハーバー研究所

アメリカ合衆国ニューヨーク州ロングアイランドにある民間非営利財団による研究所。1940 年代には分子生物学の源流となる研究が行われ，1944 年にはバーバラ・マクリントックがトウモロコシのトランスポゾンを発見した（1983 年ノーベル生理学・医学賞受賞）。またマックス・デルブリュックとサルバドール・ルリア（彼らはファージ・グループと呼ばれる）がここをバクテリオファージ研究の中心とし，さらにDNAが遺伝物質であることを示す実験をハーシー（1969 年ノーベル生理学・医学賞受賞）とチェイスが行った。その他のノーベル賞受賞者にはリチャード・ロバーツとフィリップ・シャープ（イントロン構造の発見：1993 年ノーベル生理学・医学賞受賞），また受賞後（1962 年ノーベル生理学・医学賞）に 2007 年まで所長・会長を務めたジェームズ・ワトソンらがいます。

8　DNAの複製方向

DNAの複製方向（replication direction）リーディング鎖とラギング鎖

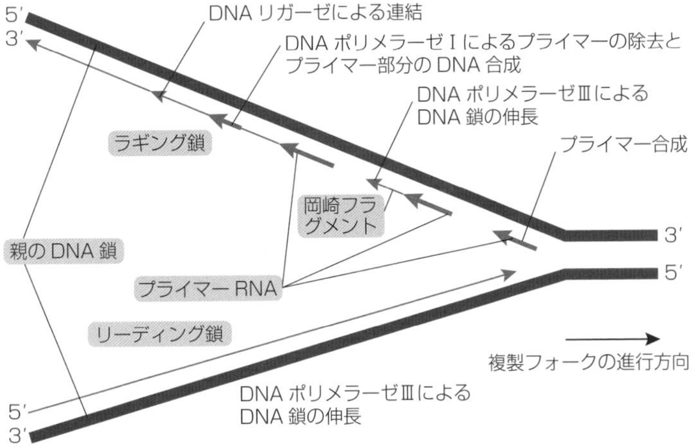

図1　DNAの複製方向

■原核生物（prokaryote）でも真核生物（eukaryote）でも起こる

DNAの複製は，DNA複製開始点の二重らせんがほどけて両方向に進行します。しかし，DNAポリメラーゼは新しく合成されるDNA鎖の3′側の末端にヌクレオチドを結合させる反応のみを触媒するので，常に5′→3′方向にしか複製を進行させることができないのです。

このため複製開始点から2本鎖のうち片方のみしか複製できないように見えますが，実際には図1のように両方向に2本鎖が複製されます。連続的に合成されるDNA鎖を**リーディング鎖（leading strand）**と呼びます。もう一方の新生ヌクレオチド鎖では，はじめは複製方向と逆向きにいくつもの短鎖が合成されます。これが不連続な複製様式から**ラギング鎖（lagging strand）**と呼ばれます。

■プライマーはRNAで作る

DNAポリメラーゼはプライマーが存在しないと働きません。図でリーディング鎖では1種類のプライマーがラギング鎖では岡崎フラグメントの数だけプライマーが必要になります。このプライマーはDNAではなくRNAからなるものです。**プライマーゼ（primase）**というRNA合成酵素が働いてRNAプライマーができあがります。RNA鎖は短く10塩基程度となります。

プライマーはDNAでもRNAでもよいのです。ポイントはDNAポリメラーゼが認識するための「3′OH基」を提供するためのものです。DNAの複製では，その役割を担うのはRNAだけのことです。**プライマーゼは「RNAポリメラーゼ」の一種**ということになります。

POINT

PCR法ではプライマーとしてDNAを用いますが，生体内でのDNA複製では，RNAからなるプライマーを用います。この理由を考えてみましょう！

PCRでDNA分子を増幅しようというのに，たとえRNAプライマーの合成や安定性がDNAプライマーよりも有利だったとしても，PCRにRNAプライマーを使ったらPCR産物がRNA-DNAのハイブリッド分子になってしまいます。生体内反応とちがって，PCRではDNAが合成されたあとでRNAプライマーがDNAに置き換えられないからです。

また，どうして生体内ではDNAを合成するのに，RNAがプライマーに使われるのかというと，鋳型依存的に核酸を合成するとき，DNAポリメラーゼはプライマーを伸長することでしか合成できませんが，RNAポリメラーゼはプライマーなし，鋳型だけでいきなり合成を始められるからです。

Column　新型コロナウイルス

新型コロナウイルス感染症は，2019年12月に中国湖北省武漢市で発生が報告された病気です。主な症状は，発熱，咳，倦怠感など風邪と似ており，重症化すると肺炎が生じることもあります。

WHOは変異株が初めて確認された国名を呼称に使用していましたが，呼称となる国への差別につながる恐れがあるとしてギリシャ文字を使う方針に切り替え，英国株，インド株をそれぞれアルファ（α）株，デルタ（δ）株などと言い換えました。また，WHOは感染力が強まったり，ワクチンの効果が下がったりする性質を持つとみられる変異株を「懸念される変異株（VOC）」と分類し，警戒を強めました。現在，アルファ，ベータ（β），ガンマ（γ），デルタ，オミクロン（o）の5株がVOCに指定されています。オミクロン株は南アフリカで発見され，世界に急速拡散しています。ギリシャ文字の順番であれば次はニュー（ν）株だったのですが，続くクサイ（ξ）と合わせて飛ばされましたが，ニューとクサイが採用されなかった理由は不明です。VOCには至らないまでも，ワクチンの効果などに影響を与える可能性がある変異株は「注目すべき変異株（VOI）」として動向を注視されています。南米で最初に確認されたラムダ（λ），ミュー（μ）の2株がVOIに位置付けられています。

岡崎フラグメントのプライマーが分解される

岡崎フラグメントが次々に合成されると，次のフラグメントの合成がその前につくられたRNAの5′端に迫ってきます。するとDNAポリメラーゼⅠはこのRNAを5′端から分解しながらDNA鎖をさらに伸長させます。DNAポリメラーゼⅠに5′−ヌクレアーゼ活性があるのです。これにより，RNAが完全に分解され，最後にDNAとDNAとの間の隙間をDNAリガーゼが埋め合わせていきます。

化学的模式図（chemical schematic diagrams）

DNAの複製（DNA replication）の化学的模式図

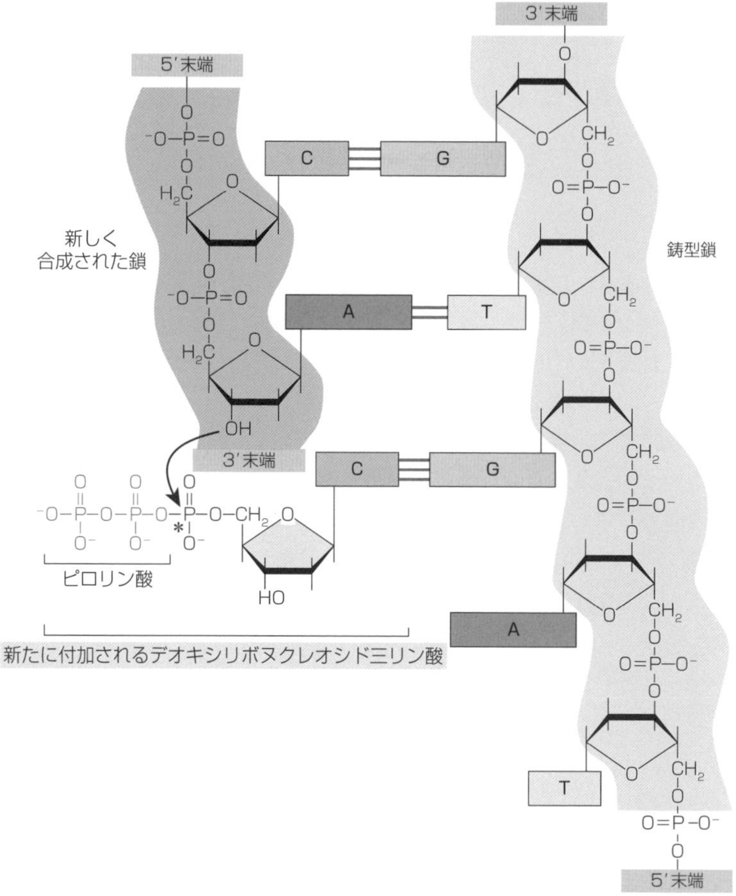

図は右側が鋳型鎖で，左側が新生鎖です。

右側の鎖を鋳型にしてDNAポリメラーゼが新しいDNAを合成します。3′-ヒドロキシ末端へのデオキシリボヌクレオチドが付加されます。したがって，新生鎖は5′→3′方向に合成されます。付加されるヌクレオチドは，ヌクレオシド3リン酸で，このエネルギーが重合反応を進めるのに用いられます。DNAポリメラーゼは，エネルギーの放出を重合反応と共役させ，伸長中のDNA鎖にヌクレオチドが付加する反応を触媒しています。

伸長中のDNA鎖にヌクレオチドを結合させる

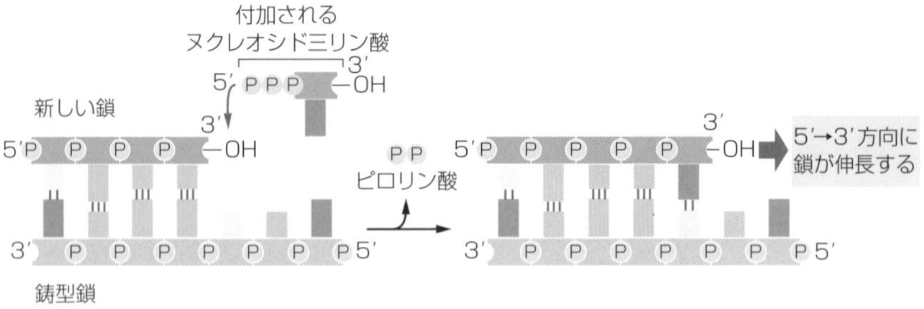

付加されるヌクレオチドは，デオキシリボヌクレオシド三リン酸★で，相手となる鋳型鎖上の次にヌクレオチドと塩基対を形成すると，伸長中のDNA鎖の末端の何も結合していない3′-ヒドロキシ基に共有結合でつながれます。これにより，新しいDNA鎖は5′→3′方向に合成されます。この重合反応に用いられるエネルギーを供給するのは，付加されるヌクレオシド三リン酸の高エネルギーリン酸結合の加水分解によってもたらされます。

biological words

★デオキシリボヌクレオシド三リン酸

デオキシリボースと塩基と3つのリン酸が結合した物質のこと。dATP（デオキシアデノシン三リン酸）やdGTP（デオキシグアノシン三リン酸）などがある。
p.91のfurther studyも参照。

9　DNA の複製のしくみ

真核生物の場合

ヘリカーゼ・1 本鎖結合タンパク質・トポイソメラーゼ

真核生物では，原核生物と同じように複製起点から両方向に複製が進行します。まずは親の 2 本鎖 DNA が**ヘリカーゼ（helicase）**によって巻き戻されて分離します。この場所は 1 本鎖が戻されつつある場所で Y 字形をしていて，複製フォーク（replication fork）と呼ばれます（p.46 も参照）。1 本鎖に分離した状態を鋳型鎖として活用するために，**1 本鎖 DNA 結合タンパク質（single-strand binding protein）**が 1 本鎖 DNA に結合して再び 2 本鎖にならないようになっています。

二重らせん DNA の巻き戻しによって，ねじれがきつくなってひずみが強まるので，**トポイソメラーゼ（topoisomerase）**によりそれを緩和します。

新たな DNA 鎖の合成

RNA からなるプライマーは，鋳型鎖の 3′ 側に結合してプライマーの 3′ 末端側から DNA の合成が開始される。このプライマーはプライマーゼという酵素により合成されます。一般にプライマーは 5 ～ 10 塩基の長さで，鋳型鎖と相補的な配列をしています。

DNA 鎖へのヌクレオチドの取り込みは，DNA ポリメラーゼが DNA 鎖の 3′ 末端にヌクレオチドを付加する反応を触媒し，2 個のリン酸基を遊離します。このとき放出されるエネルギーを用いてヌクレオチドが結合していきます。

DNA 複製においては，重合速度が最も速い **DNA ポリメラーゼⅢ**が DNA 鎖の合成に関わっています。DNA ポリメラーゼⅢこそが DNA 複製に関わる中心的なポリメラーゼで，RNA プライマーに塩基を付加していきます。**DNA ポリメラーゼⅠ**は，そのエキソヌクレアーゼ活性により RNA プライマーの除去とその部分の DNA 鎖の合成を行っています。**DNA ポリメラーゼⅡ**の機能については今のところ明らかにされていませんが，おそらく DNA 修復に関わるほか，損傷した DNA が DNA 複製をストップしたあと，DNA 複製を再開するものと考えられています。

テロメア，テロメラーゼ

末端複製問題（end replication problem）

真核生物がもつ直鎖上 DNA は，複製に際して新生鎖の 5′ 最末端領域は複製されません。これは末端複製問題とよばれており，DNA 複製が RNA プライマーと呼ばれる核酸の断片から一方向に DNA を合成していく反応であるために鋳型鎖の 3′ 最末端（新生鎖の 5′ 末端）が合成されないことが原因で起こります。RNA プライマーはやがて分解されてしまいますが，RNA プライマーがあった部分から鋳型鎖の最末端までは新生鎖で埋めることができません。したがって，新生鎖の 5′ 最末端部分は鋳型鎖に比べて必ず短縮します。これが**末端複製問題**です。

合成が終わり，プライマーが除去された後，真核生物の新生 DNA の娘鎖は 5′ 末端が欠けています。テロメラーゼという酵素がまず，親鎖の 3′ 末端を鋳型鎖なしに伸長させます。次に，本来よりも長くなった 3′ 末端にプライマーは置かれ，DNA ポリメラーゼが複製します。ここでもやはり短く複製されますが，娘鎖は本来の長さになります。2009 年度のノーベル生理学・医学賞はテロメア，テロメラーゼの発見に対して授与されています。

●エリザベス・H・ブラックバーン
(Elizabeth Helen Blackburn，1948-)

アメリカ合衆国の生物学者。テトラヒメナからテロメア配列を同定し，テロメアを伸長する酵素・テロメラーゼを発見した業績で知られています。2009 年，ノーベル生理学・医学賞受賞。

■分子生物学のセントラルドグマ（central dogma）

1960 年代初めには，DNA の遺伝情報の読み取りと翻訳に RNA（リボ核酸）が関与することがわかり，やがて DNA → RNA →タンパク質という遺伝情報の流れが確立されました。DNA を鋳型として新しい DNA 鎖が合成されることを DNA の複製と呼び，DNA の遺伝情報（塩基配列）が RNA の塩基配列に移し変えられる過程を転写，RNA の塩基配列を読み取ってそれに対応するアミノ酸配列を持つタンパク質が合成される過程を翻訳と呼びます。

すなわち，**複製（replication）**，**転写（transcription）**，**翻訳（translation）**の 3 つの過程は，1958 年にクリックが主張したように，分子生物学の「セントラルドグマ central dogma（中心教義）」として知られています。DNA の遺伝情報をタンパク質合成系に伝えるRNA（DNAの転写産物）はmRNA（メッセンジャーRNA）と呼ばれ，1961年モノーとF・ジャコブにより概念化され，のちに証明されました。

この論文で，大腸菌における遺伝情報発現の仕組みとして有名な「オペロン説（operon theory）」（酵素合成がオペロンとよばれる遺伝子群を単位として調節遺伝子により調節されるという説）が提唱され，セントラルドグマが確立されたのです。続いて，細胞が存在しなくても細胞抽出液とmRNAを用いて試験管内で完全なタンパク質が合成されました。1963年にはオチョアとニーレンバーグにより遺伝暗号表が完成しました。塩基の三つ組，つまり3個ずつの塩基の特定配列が20種のアミノ酸のそれぞれの暗号となっています。こうして，大まかではありますが，遺伝子の複製さらに遺伝情報の伝達の仕組みを分子レベルで述べることができるようになったのです。

10　近年の分子生物学

分子生物学の発展

1980 年代以降の分子生物学（molecular biology）

ワトソン・クリックモデルを基盤として発展した遺伝子の分子生物学の成果と手法は，発生学，免疫学，細胞生物学，分類学，そのほか生物学の多様な分野に適用されています。特定の塩基配列を識別してその部位で DNA を切断する DNA 分解酵素（制限酵素）の発見によって，1980 年代には特定タンパク質をコードする DNA を生物から単離する技術が開発されました。外来 DNA をプラスミド（原核細胞内で核や染色体と独立に存在する遺伝要因）に組み込んで細菌に取り込ませることにより特定の外来 DNA を持つ細菌クローンを得ることができます。この遺伝子クローニング技術により遺伝子 DNA の塩基配列の決定や微細構造の研究が可能となりました。

特定遺伝子 DNA を組み込ませた細菌や細胞は，その DNA のコードするタンパク質を盛んに合成するので，通常は微量にしか存在しないタンパク質を多量に作らせることもできます。このとき DNA 断片の塩基配列の一部を人為的に変異させてから組み込むと変異タンパク質を作ることもできます。DNA 塩基配列の決定も自動化され短時間でできるようになりました。遺伝子の塩基配列を変えることによってタンパク質を改変し，より有効なものに変えることのみならず，全く新しいタンパク質を設計する研究も行われています。

遺伝子の組換え技術を中心に遺伝子クローニング技術は，遺伝病の原因遺伝子の同定と遺伝子治療，癌（がん）遺伝子と発癌機構の研究，老化機構の解明，遺伝子組換え生物（トランスジェニック生物）の作製，DNA 鑑定すなわち DNA 塩基配列の比較による近親関係の推定や犯罪捜査法の発展，など様々な分野に応用されてきています。

ゲノムの解析

特筆すべきことは，20 世紀末に始まったゲノム解析プロジェクトの展開であり，2003 年現在，ヒトゲノムのほか，ハツカネズミ，イネ，シロイヌナズナ，ショウジョウバエ，フグ，ゼブラフィッシュ，線虫，大腸菌，枯草（こそう）菌については全 DNA 塩基配列がほぼ決定されており，アフリカツメガエル，ユウレイボヤ，ウニではゲノム解析が進行中です。

ヒトは従来十数万個の遺伝子をもつと推定されていましたが，ゲノム解析によって3万数千個の遺伝子を持つにすぎないことが明らかになっています。ゲノム解析の結果は発生学，細胞生物学，分類学など多方面にわたる生物学の基礎研究の展開を大きく支えたのみならず，遺伝子治療や品種改良など，医学，薬学，農学などで幅広く利用され遺伝子工学という新しい産業分野が開拓されました。

ヒトに関しては，ゲノム解析の結果に基づいてタンパク質の構造と機能を解析するプロテオミクスとよばれる分野が成立しました。新薬の創製，各種の薬剤と結合する受容体タンパク質のスクリーニングやGタンパク質結合タンパク質のスクリーニングにプロテオミクスが大きな役割を果たしており，多数の国際的ベンチャー企業が参画しています。プロテオミクスの基盤形成と展開はタンパク質の質量分析法の開発と発展に負っていて，この方法を開発した日本の田中耕一は2002年のノーベル化学賞を受賞しました。

ミトコンドリアの役割と研究成果の発展

分子生物学の発達は系統分類学や社会生態学の研究法にも大きな変化をもたらしました。ミトコンドリアは核ゲノムから独立したいくつかの遺伝子をコードしています。電子伝達系タンパク質の一部，ミトコンドリアrRNAおよびミトコンドリアtRNAなどはミトコンドリアのもつDNAにコードされており，母系の情報になります。これらの遺伝子の塩基配列を種間で比較して変異位置とその頻度の測定，および幾種かの制限酵素を用いた**遺伝子多型解析（RFLP解析 restriction fragment length polymorphism）**から種の同定や系統を明らかにする作業が系統分類学の研究で普通に行われるようになりました。ミトコンドリアDNAの遺伝子多型解析によって，ある生物がどの群れに由来するかということもわかり，社会生態学の研究にも有効な手段となっています。

新たな倫理コードの確立

20世紀なかばに生まれた分子生物学の進歩はきわめて急速で，20世紀末には遺伝子を操作して新しい生物を創造することも技術的には可能になりました。このような技術が自然界や人類に与える影響は計り知れません。実験用ネズミの胚（はい）性幹細胞（ES細胞）の遺伝子を操作して，遺伝子組換え胚を経て遺伝子組換えネズミを作ることは普通に行われ，医学（疾病原因遺伝子の検索）や生命科学の発展に大きな寄与をしていますが，ヒト胚の遺伝子操作は倫理的理由で日本では国の特別の認可がない限り法律によって禁止されています。また，遺伝子操作の畜産や農作物への安易な適用は，組換えに用いるDNAベクターが人間の健康にどのような影響を持つか十分な検討をしてからでないと危険でしょう。さらに，遺伝子組換え生物の自然界への流出は生態系にきわめて重大な影響を及ぼすものであり，これらすべてを勘案して国際協力による生命倫理コードの確立が急務となっています。

Column　ミトコンドリアゲノム（mitochondrial genome）

細胞内小器官の1つミトコンドリアは独自のゲノムDNAを持っています。これは，ミトコンドリアが10～20億年前に現在の真核生物の祖先である嫌気性真核生物に好気性細菌のα-プロテオバクテリアが共生して誕生したものであるという**細胞内共生説**の裏付けとなっています。共生した細菌がミトコンドリアとなる過程で，細菌ゲノムが持っていた多くの遺伝子は核ゲノムに移動したため，現在のミトコンドリアゲノムには遺伝子がわずかしか残っていません。例えば，ヒトのミトコンドリアゲノムは16.5 kbp（16500塩基対）の環状DNAであり，そこに37個の遺伝子がコードされているだけです。しかし，この中には呼吸鎖の構成因子やミトコンドリア翻訳系の重要な遺伝子が含まれており，ミトコンドリアゲノムの変異がミトコンドリア病やミトコンドリア糖尿病の原因となることが知られています。

SECTION 2

細胞周期の調節

Regulation of Cell Cycle

1 細胞周期

細胞周期の概説

細胞周期（cell cycle）とは何か？

細胞の分裂は規則的に一定の時間ごとに特異的な特徴を示してぐるぐる時計の針のように回っています。細胞周期とは分裂が終了してから次の分裂が終了するまでの時間を言います。細胞周期は大きく分けると分裂をしている分裂期と細胞分裂の準備をしている間期に分けることができます。

さらに間期は3つに分けることができます。G_1(DNA合成準備)期，S(DNA合成)期，G_2(分裂準備)期の3つです。また，分裂期のことをM期と言い，M期は前期・中期・後期・終期からなります。これを図示すると次のようになります。

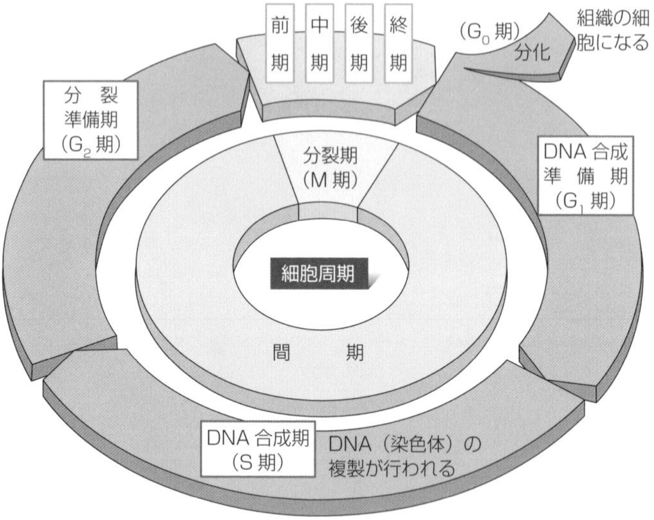

G_1期（gap 1 phase）

外見上は目立った変化はありませんが，細胞の増殖制御という意味では重要な役割を果たしています。R点（restriction point）と呼ばれる点を通過するときに，外界からのシグナルを検知して増殖するかどうかが決まります。つまりS期に進行するかどうかを決定します。

S期（synthesis phase）

遺伝情報がDNAの複製により2倍になります。遺伝情報の倍化がこのときだけに起こります。細胞融合の実験から，S期の細胞とG_1期の細胞を融合すると，G_1期の細胞はDNAの複製を開始することがわかりました。しかし，同様な実験をS期の細胞とG_2期の細胞を融合してもG_2期の細胞がDNAの複製を開始することはありません。このことは，G_2期のDNAは何らかの変化が起きなければ，DNAの複製を開始しないことを意味しています。

G_2期（gap 2 phase）

G_1期→S期→G_2期と進行しますが，この進行は細胞を顕微鏡で観察しても顕著な変化はありません。G_2期では細胞分裂の準備を行う時期ですが，DNAの複製が完了したかどうか，DNA損傷が起きていないかどうか，M期に進行してよいかどうかをチェックしています。

M期（mitotic stage）

増殖中の細胞を観察すると，ダイナミックな変化が見られる時期です。前期では，核内で染色体の凝縮が始まり，核の外側では2個の中心体が分離します。核膜の分散，染色体は動原体により紡錘体微小管に接着します。中期には染色体は紡錘体赤道面に整列します。後期では姉妹染色分体は分離して，娘染色体を形成して紡錘体極に引っ張られていきます。終期では核膜が形成され，細胞質が2分されて2個の娘細胞ができます。

各時期の長さは細胞によって違う

細胞のライフサイクルからみると，体細胞分裂を行っている時間はほんのわずかです。

体細胞分裂と体細胞分裂の間は間期（interphase）と呼ばれます。細胞はその生活サイクルのほとんどの時間を間期の状態で過ごします。

体細胞分裂の終了直後に，細胞はDNA合成を行わないG_1期に入ります。細胞によっては分化を起こしてG_0期に入るものもあります。G_0期の時間は数時間～数年までさまざまです。

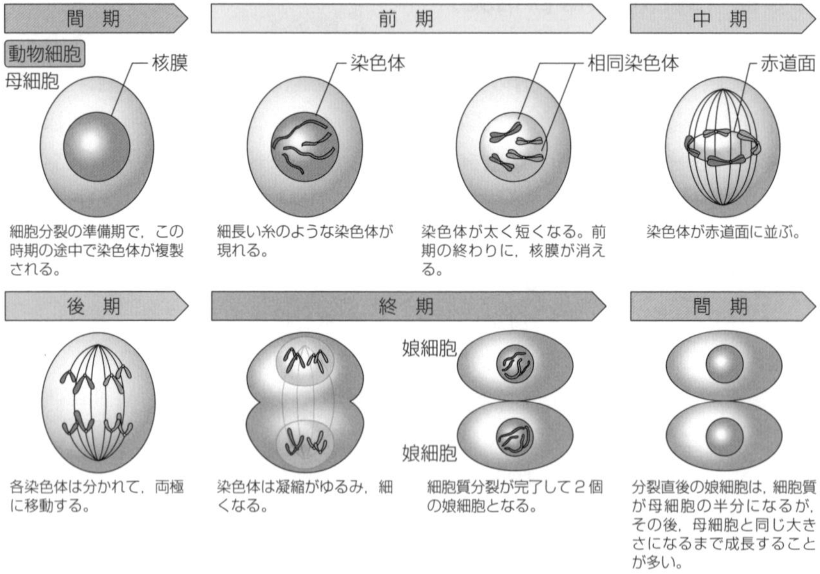

図１　動物細胞の体細胞分裂の過程の模式図

また神経細胞や赤血球などのようにいったん完全に分化してしまうとそれ以降は全く分裂しない細胞もあります。これらの細胞では G_1 期とは別の G_0 期で永久に停止します。その他の細胞では，いったん G_0 期に入っても臓器が障害を受けると G_1 期に戻り，細胞周期が回り始めます。ちなみに，G_1 期や G_2 期の G は gap の G を意味します。また，M 期の M は mitosis ＝有糸分裂という意味です。

細胞分裂を行う典型的なヒト細胞では，この 3 つの段階を経るのに 18 ～ 24 時間を要し，G_1 期で 10 ～ 12 時間，S 期で 6 ～ 8 時間，G_2 期で 2 ～ 4 時間となっています。一方，M 期（分裂期）はわずか 1 時間程度と一般的には最も短くなっています。

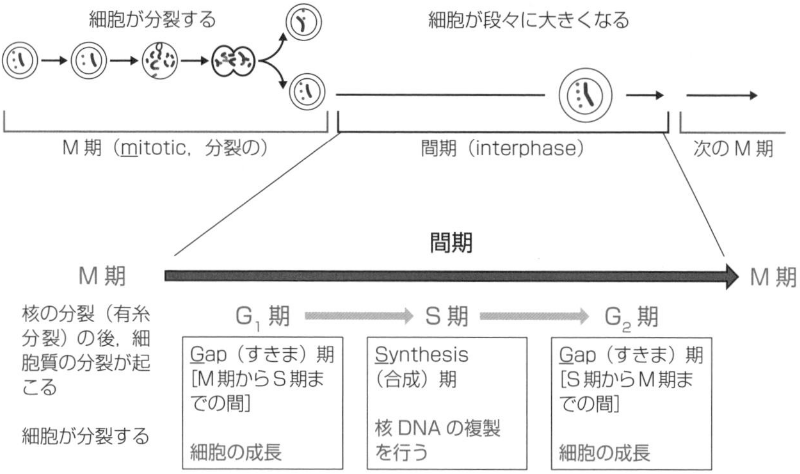

図 2　細胞周期　cell cycle

ヒトのからだは約 37 兆個の細胞からできていると言われています。1 個の受精卵から 37 兆個の細胞になるには，細胞分裂が 45 回程度行われればよいことになりますが，実際には死滅したり，分化して細胞分裂を停止する細胞があるために細胞分裂の回数は 45 回よりも大きくなります。

2　周期を活性化させるもの

細胞周期の制御

細胞周期の研究

S 期や M 期へ入る適切な決定はどのようにされているのでしょうか？ これらの移行を制御している物質があることが，細胞融合の実験によってもたらされたのです。異なる細胞周期の相にある細胞を融合させると，S 期の細胞は DNA を活性化させる物質つくりだすのです。G_1 期から S 期へ，また G_2 期から M 期への移行は，**サイクリン依存性キナーゼ**と呼ばれるタンパク質の活性化に依存します。

異なる細胞周期の相にある細胞を融合させると，S 期の細胞は DNA 合成を活性化させる物質を作り出します。これは，S 期と G_1 期の細胞をポリエチレングリコールなどで融合すると，融合した細胞は 2 つの核をもつ細胞になります。S 期の細胞 DNA 合成の活性化因子を含んでいて，G_1 期の核に拡散して DNA の複製を活性化する物質を産生するようになります。

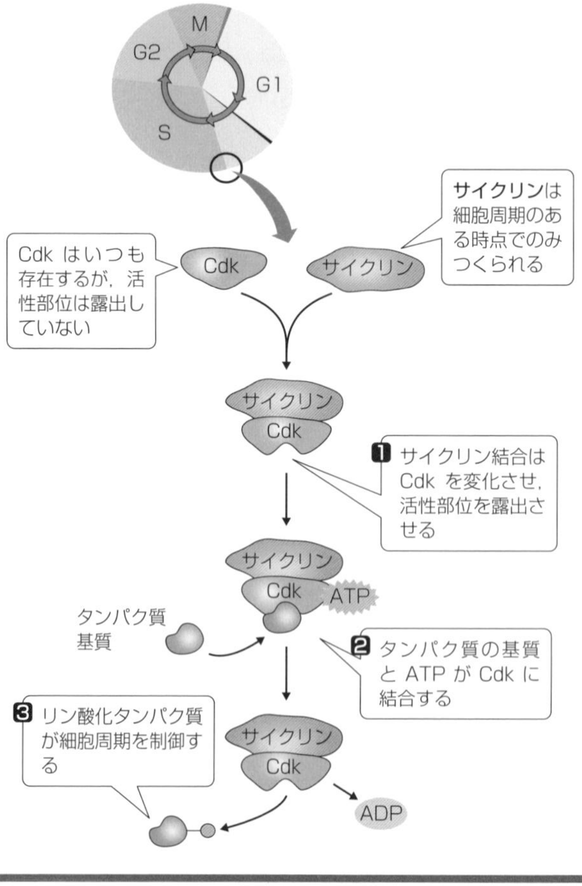

サイクリン依存性キナーゼ（Cdk）は単独では活性体とはなっていません。サイクリンというタンパク質と

結合することで活性化します。図のようにサイクリンが結合すると，Cdk の構造を変化させてキナーゼ活性部位を露出させます。これにタンパク質の基質とATP して活性型のキナーゼとしてはたらき，G_1 期から S 期へ移行する引き金になります。

G_1 期でおきていること

細胞周期で非常に重要なはたらきをするタンパク質が，**サイクリン依存性キナーゼ（cyclin-dependent kinase：Cdk）**です。キナーゼとはタンパク質をリン酸化するはたらきを担う酵素の総称です。核内のサイクリンと結合して初めて活性化をもつ物質です。タンパク質中のセリン，トレオニン，チロシンなどのアミノ酸残基にリン酸が結合することで，タンパク質の三次構造が変化し活性化や不活性化が起こります。

Cdk にはいくつかの種類があいますが，G_1 期にはたらくのは，主に Cdk2，Cdk4，Cdk6 です。

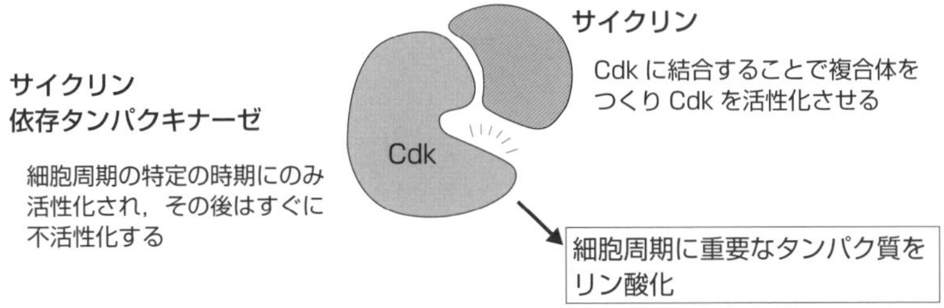

サイクリンのはたらき

サイクリンとは何か

サイクリン（Cyclin）は，真核生物の細胞において細胞周期を移行させるためのエンジンとして働く蛋白質の 1 つ。1989 年にイギリスのティモシー・ハントが，間期において急に発現の落ちる蛋白質として発見しました。

細胞内には複数の種類のサイクリン及び Cdk が存在し，細胞周期の回転にはサイクリン A，B，D，E が関与しています。このサイクリン A，B，D，E は細胞周期のさまざまな時期に増加したり減少したりしています（次ページのグラフ）。

その他のサイクリンは転写制御などの役割を果たしていると考えられています。

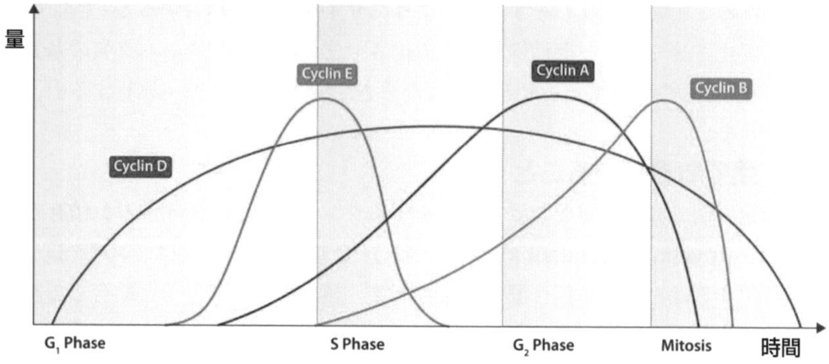

細胞周期の分子生物的な考えかた

G_1 期が進んでＳ期に近づくとサイクリンＥが増加すると，サイクリンE-Cdk2 複合体の量も増えます。ただし，複合体には **CKI（Cdk inhibitor，Cdk阻害タンパク質）** が結合してスイッチをオフにしています。この CKI を SCF と呼ばれるユビキチンリガーゼの作用で分解することで G_1 期からＳ期へのスイッチがオンになります。

サイクリンＡは，細胞周期の複数段階を調節する唯一のサイクリンです。サイクリンＡは，Cdk2，Cdk1 という２つの異なる Cdk のいずれかに結合して活性化を行うことで，複数段階の調節を可能にしています。細胞周期のＳ期の継続のためには Cdk2 との結合が必要であり，G_2 期からＭ期への移行のためには Cdk1 との結合が必要となります。

G_2 期からＭ期への移行にはサイクリンＢがはたらきます。サイクリンB-Cdk1 の複合体の量が増えていきます。この局面では CKI の代わりにリン酸基２個がサイクリン B-Cdk1 の複合体のはたらきをスイッチオフにしています。この２個のリン酸基のうち１個がとれると活性型に変化してＭ期移行のスイッチオンとなります。

Ｍ期がある程度進むとユビキチンリガーゼがはたらき，サイクリンＢが分解されてＭ期が終了します。

eye on biology

サイクリン依存性キナーゼは（Cdk）は適切なサイクリンが結合することによって活性化します。ヒトでは４つのサイクリン-Cdk制御があります。サイクリンA-Cdk2はDNAの複製を刺激し，サイクリンB-Cdk1は有糸分裂を開始します。サイクリンD-Cdk4とサイクリンE-Cdk2はRB（網膜芽細胞膜タンパク質）をリン酸化することで不活性化します。

細胞分裂を引き起こす分子

東工大大学院生命理工学研究科の岸本教授らの研究グループは，細胞分裂の引金となる「MPF★1」(卵成熟／分裂期促進因子）の分子実体を突き止めました。従来，タンパク質リン酸化酵素「Cdk1」★2(サイクリンB-Cdk1★3）がMPFの実体とされていましたが，同研究グループはそれだけでは不十分で，「Gwl」★4（グレイトウォール）という別のリン酸化酵素も必要であることを明らかにしたのです。これはMPFの分子実体について，その命名以来40年以上の年を経ての決着でした。またMPFの分子実体はCdk1とする発見が2001年ノーベル医学生理学賞の主題の1つだったため，ノーベル賞に立脚した通念に再考と改訂を求める成果でもありました。

Gwlはタンパク質リン酸化酵素に拮抗するタンパク質脱リン酸化酵素を抑える機能を持つもので，細胞分裂ではもっぱらタンパク質リン酸化酵素が着目されてきたのですが，今回の発見はそれとは逆の効果を持つタンパク質脱リン酸化酵素の検討を促しています。この視点の転回は，がんや染色体異常の原因究明と治療に大きなインパクトを与えるものでした。つまりノーベル賞を受賞したからと言って研究内容が100％無条件に正しいわけではないのです。

biological words

★1 MPF
細胞周期の観点からは分裂期の開始と同等）因子（「卵成熟促進因子」）として同定された。その後，この因子は，単に卵細胞に限らず，体細胞も含めた全真核細胞に普遍的に分裂期をひきおこすことが判明した。これにより，略称は同じMPFのままで，「分裂期促進因子」へと改称された。

★2 タンパク質リン酸化酵素（プロテインキナーゼ：Cdk1）
タンパク質中のセリン，トレオニン，チロシン残基にリン酸基を導入する酵素の総称。ヒト・ゲノム中には数百種が存在。このリン酸基の導入により，タンパク質の酵素活性や細胞内局在等が制御される。逆の作用をもつのが，タンパク質脱リン酸化酵素（プロテインフォスファターゼ）。

★3 サイクリンB-Cdk1
サイクリンBとCdk1の複合体からなるタンパク質リン酸化酵素。分裂期の開始と進行を統御している。

★4 Gwl（グレイトウォール，Greatwall kinase）
分裂期の正常な進行に必要なタンパク質リン酸化酵素の１つ。Cdk1によって活性化され，Cdk1によるリン酸化部位を脱このように細胞周期に関する研究は現在も不明な点が多く，多数の研究者がその課題に取り組んでいます。

リン酸化するフォスファターゼを抑える機能をもつ。ショウジョウバエで最初に見出され，核内に存在する。Gwl と略称する。

細胞周期を制御するしくみ

■チェックポイント

細胞周期において，ある特定の段階の進行をモニターし，それが未完の場合，完了するまで次の段階の開始を遅らせる機構をチェックポイントと言います。細胞周期を規則正しく進行させるための重要な細胞周期制御機構の一端です。3つの G_1 期，G_2 期，M 期の3つのチェックポイントが存在します。

i）G_1 期チェックポイントは

来るS期に備えて，分裂を促す物質が存在するかどうか，分裂するにあたって必要な物質が細胞内に蓄積されているかどうか，DNA の損傷はないかどうかのチェックを行っています。ここには「p53」★5 が関与します。「p53」は修復酵素系を誘導し修復を進める働きを行います。これが完了するまでは，S期への進行を制御します。

ii）G_2 期チェックポイントは

S期で複製されたDNAが正確に複製されたかどうかをチェックします。

iii）M 期チェックポイントは

分裂中期に赤道面に染色体が並び，動原体に紡錘糸が結合しているかどうかをチェックします。紡錘糸がすべての染色体に正しく結合していないと娘細胞への分配が進行しないように制御しています。ゲノムを正確に娘細胞に分配するためのチェックポイントと考えることができます。

biological words

★5 p53（ぴーごじゅうさん：p53 gene）
がん抑制遺伝子の１つとして重要な役割を果たしており，細胞分裂の調整やDNAの損傷の修復などに深く関与している。p53は分子量53kD（キロダルトン），アミノ酸393個から構成される核内タンパク質。

POINT G_1 期，G_2 期，M 期のチェックポイント

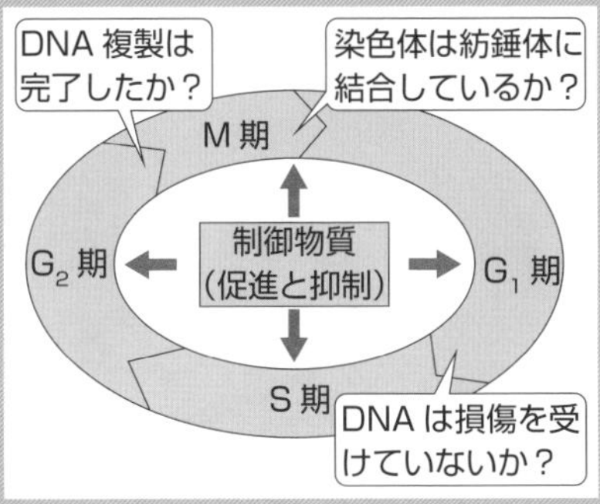

■チェックポイントに異常があると…

細胞周期の「チェックポイント」は，染色体 DNA 複製が完了しないうちに M 期に進むのを防いだり，M 期が終わらないうちに次の S 期を開始するのを防ぐメカニズムを細胞は有しています。

たとえば，活性酸素によるストレスなどで細胞は頻繁にその染色体 DNA が損傷しますが，傷の程度によっては修復に時間がかかったり，DNA 複製が途中で止まってしまうことがあります。

染色体 DNA 複製が完了しないまま M 期に進んでしまうと，分裂時崩壊という細胞死に至ったり，すべての遺伝情報セットが娘細胞（分裂後の 2 つの細胞）に受け継がれずにゲノムが不安定化します。

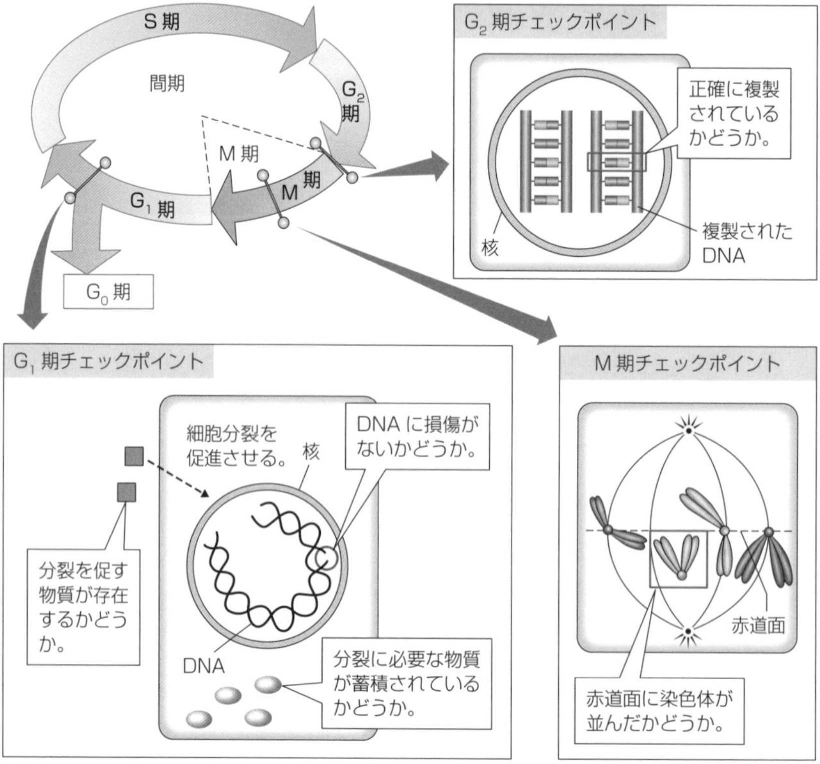

たとえば，正常細胞とがん細胞では G_1 期チェックポイントが正常に機能するかどうかで決まります。

DNA 傷害を残したまま G_1 期から S 期に進む場合も同様で，遺伝子の間違ったコピーを作ってしまう危険があり，がん発症に繋がる危険があります。

このような DNA 複製チェックポイントや DNA 傷害チェックポイントのお陰で，細胞はゲノムの不安定化を免れ，遺伝情報の正確なコピーを受け継いでいけるのです。

これらのチェックポイントにも Cdk や Cdk 阻害タンパク質が関わっています。

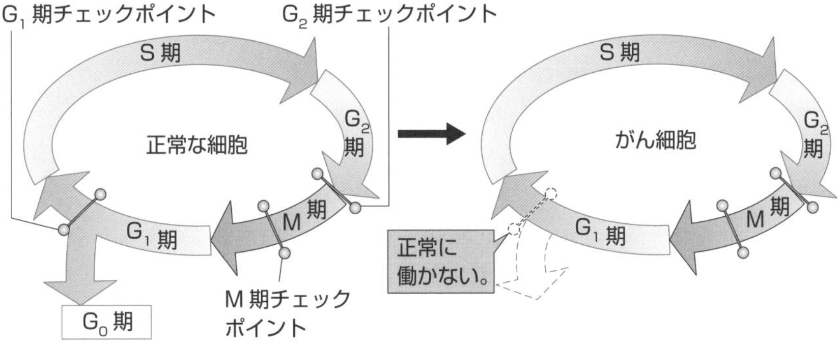

further study　細胞周期の制御

多くの生物にとって，G_1期チェックポイントは特に重要です。

G_1期チェックポイントで信号を受け取らない場合，その細胞は細胞周期から離れてG_0期と呼ばれる分裂しない状態に移行します。

ヒトのからだの多くの細胞はG_0期にあり，神経の細胞や肝臓の細胞などでは，ほとんどの細胞がG_0期の状態にあります。なお，がん細胞はチェックポイントの制御に異常が生じていて，細胞周期の調節から逃れて，無制限に増殖することがわかっています。

3　DNAの損傷時にはたらくもの

DNA修復の種類

DNA修復（excision repair）

1）ヌクレオチドの除去修復（excision repair）

DNAは，ある種の化学物質や紫外線・放射線によって損傷を受けることがあります。ある波長の紫外線には，塩基配列中の隣接する2個のT（チミン）を結合させる（チミンダイマーをつくる）性質があります。このような場合にはヌクレオチドの除去修復が行われます。

そのしくみは，まず修復にまず，エンドヌクレアーゼという酵素がチミンの二量体形成による歪みを感知して，その部分から10数塩基程度を除去します。次に，DNAポリメラーゼが失われた部分の塩基配列を合成し，最後にDNAリガーゼが既存の鎖と新しい鎖を連結させて修復は完了します。

2）塩基除去修復

ヌクレオチドの中の塩基部分が傷つくような場合は，その塩基を除去して修復する塩基除去修復という方法も知られています。この場合，まず傷ついた塩基をDNAグリコシラーゼという酵素の働きによって認識し切り取り，さらに残りのヌクレオチド部分も除去され，最後にDNAポリメラーゼやDNAリガーゼなどがその箇所を修復します。この部分を少し詳しく述べてみましょう。

次ページの左側の図をみてください。塩基の除去修復の例です。脱塩基部位を作る働きをするDNA修復酵素が，オキソグアニングリコシラーゼ-1（OGG1）によって開始された塩基除去修復過程は，**APエンドヌクレアーゼ（核酸切断酵素）**によりAPサイト（脱塩基部位）のDNA1本鎖の切断，エキソヌクレアーゼ（核酸分解酵素）による脱塩基部位の完全除去して1塩基分のギャップをつくり，さらにDNAポリメラーゼにより新しく塩基が作られた後，DNAリガーゼにより単鎖損傷を結合し，DNAが修復されます。

修復機能を担うタンパク質の1つが，「PARP」と「XRCC1」です。PARPは，DNAに傷がつくとセンサーとして働き目印をつけます。その後XRCC1が修復に必要なタンパク質を動員することでDNAの修復が行われます。

次に右側の図をみてください。真核生物では，GGRでまずXPE，XPCなどが損傷部分を認識して結合する。その後で，XPG，XPA，XPF，さらにRPAと基本転写因子 TFⅡH（XPB，XPDを含む）が結合し，エンドヌクレアーゼであるXPGとXPF，そしてヘリカーゼであるXPBとXPDがはたらき，最後にDNAポリメラーゼとリガーゼが作用することでヌクレオチドの除去修復が行われます。

〈塩基除去修復〉

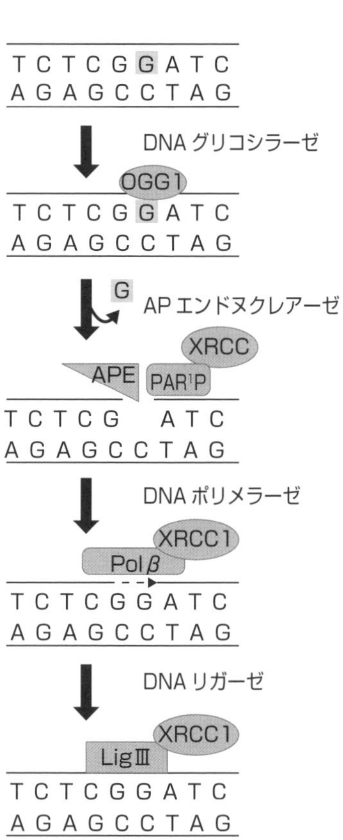

〈ヌクレオチド除去修復〉

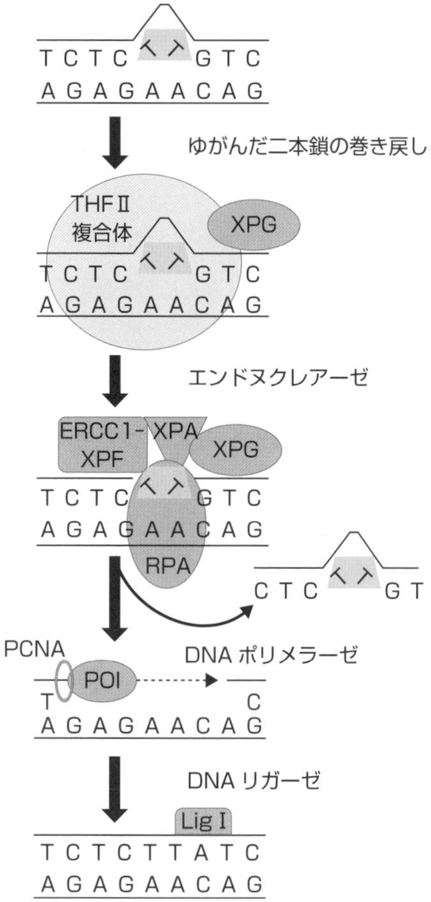

3）ミスマッチ修復（mismatch repair）

新たに複製された鎖に誤ったヌクレオチドが取り込まれたままになることがあります。この場合は**ミスマッチ修復**という方法で修復されます。

DNAはDNAポリメラーゼによって複製されるのですが，完全に正しい塩基配列で複製してくれるわけでなく，ときどき塩基の種類を間違います（ミスマッチ）。その誤りを修復する3つのタンパク質があります。MutSと呼ばれるタンパク質が間違った部分を発見し，MutLがその部位に結合，さらにミスマッチ塩基対をもつDNAをたぐりよせ，ループを作ります。そこでもうひとつのタンパク質MutHが未メチル化されたDNA鎖のミスマッチ塩基対を切り出しを行い，その後DNAポリメラーゼやDNAリガーゼによって修復が完了します。

DNAの3つの修復方法を解明した研究者は次の3人です。ヌクレオチドの除去修復のしくみを解明したのはアメリカのアジズ・サンジャル，塩基の除去修復のしくみを解明したのはスウェーデンのトマス・リンダール，ミスマッチ修復を解明したのはアメリカのポール・モドリッチで，この3人は2015年にノーベル化学賞を授与されています。

この研究は，ノーベル生物学賞というべきもので，遺伝子の研究者が化学賞を受賞では少し奇異な感じがしますね。ノーベルが生きていた時代と現在ではノーベル賞の分野も少しずれてきているようですから，研究分野の構造改革が必要な時期になったと思います。

DNAが修復されなかったら？

もしその傷を修復できなかったら，細胞が元の姿で増えることができなくなります。あるものは死に，またあるものはがんなどの疾患の原因となる細胞になってしまいます。たとえば紫外線による傷を除去する「ヌクレオチド除去修復」機能が働かない場合，色素性乾皮症といった紫外線に極端に弱い疾患になると言われています。

もしDNAが損傷したままだと，遺伝子の継承に問題がでてしまいます。そこで，細胞はそれを修復することを行うわけです。どうしても修復できないものに関しては,細胞死（アポトーシス）といわれる細胞の“自殺”に導かれます。

4　細胞の分化

細胞の分化にともなう遺伝子

分化した細胞の遺伝情報

細胞が分化してさまざまな形態をもつ細胞になるということは，遺伝子はどのようになっているのかということが1950年代～1960年代にかけて論争がありました。大きく分けると細胞が特異的な形態をとるようになるのは，(A) 遺伝子のうち必要なものが残り，必要ではない遺伝子を捨て去っていくことだとする考えと，(B) 細胞はすべての遺伝子を持つが，発生の進行にともない発現する遺伝子が細胞や組織ごとによって違ってくるというものでした。このどちらが正しいかは，ガードン博士によって (B) の考えが正しいことが証明されたのです。

●ジョン・ガードン（John Gurdon，1933-）

京都大学の山中伸弥教授とともに2012年のノーベル生理学・医学賞の受賞者に決まった英ケンブリッジ大学のジョン・ガードン博士は，10代の頃に教師から科学の道へ進むことをあきらめるよう言われたことがありました。

ガードン博士の研究（Dr. Gurdon's Research）

アフリカツメガエル（Xenopus laevis）というカエルがいます。その未受精卵に紫外線を照射して核のはたらきを失わせ，この卵にさまざまな発生段階にある胚の細胞から取り出した核を移植しました。原腸胚の核を移植したもの，神経胚の核を移植したもの，尾芽胚の核を移植したもの，オタマジャクシ（tadpoles）となったものの小腸上皮細胞の核を移植したものなどを作成し，発生がどのように進むかを観察しました。

分化が進んだ核を移植したものほど正常な個体に発生する確率（2～3%と低いが）は低下するもののすべての核移植個体で正常個体が誕生したのです。正常な個体に発生する割合が低下するのは，発生が進むにつれて細胞内でゲノム中の全能性の維持に関わる遺伝子が制御を受けて，発生が抑制されるからと考えられます。

いずれにせよ，分化した核であってもすべての正常発生に関与する遺伝子を持ち合わせていることがわかりました。つまり，発生や成長の過程で遺伝子が失われていくという（A）の考え方は否定されたのです。

なお，遺伝的に同一な細胞集団をクローンと言いますが，ガードンの実験で得られた個体と核を取り出した個体とは遺伝的に同一なのでこれらはクローンです。

この実験をガードンは1960年代の初頭に行っています。哺乳類のクローン誕生は1997年の30数年後ですが，クローンの動物（cloned animal）はかなり早くに誕生していたことになります。

■ガードン博士の分析

ガードンは，紫外線照射して核を不活性化してから，賦活化した726個の卵に餌をとる段階のオタマジャクシの小腸上皮細胞の核をしたところ，そのうち10個が餌をとる段階のオタマジャクシにまで発生しました。彼は供与核と宿主核を区別するために，核小体を1個しか持たない変異系統からとった核を通常系統（核小体を2個持つ）の卵へ移植しています。

このように発生したクローン個体について，その構成する細胞がすべて供与核である小腸上皮細胞の核に由来するものであることを確認しました。

ガードンの実験でも，移植する核の発生段階が進むにつれて，成功率が低下しています。これは，発生の進行に伴って，細胞の分化が進むほど核内の状態が全能性を回復しにくくなっていることを示しています。核内のクロマチン構造が何らかの変化を被っているためだと考えられています。

■分化した細胞では

すべての体細胞はすべての遺伝情報を持っていますが，すべての遺伝情報が常に働いているわけではありません。組織や器官によってはたらく遺伝子が異なっているのです。たとえば，だ腺細胞ではアミラーゼ遺伝子が，皮膚細胞ではコラーゲン遺伝子が，筋細胞ではアクチン遺伝子がはたらくというように，固有の遺伝子が活発にはたらくことで組織や器官を特徴づけることになります。

5　クローン騒動

全能性を備えたクローンの登場

クローンヒツジの誕生

1996年，イギリスのロスリン研究所であるヒツジの未受精卵から核を取り除き別の種類のヒツジの乳腺細胞から取り出した核を移植して，その卵を未受精卵を取り除いたヒツジとは別のヒツジの子宮に戻す実験を行いました。その結果，誕生したヒツジの形質は，核を提供したヒツジと全く同じ形質でした。

核を提供したヒツジの遺伝情報と同じ遺伝情報を持つこのようなヒツジはクローンヒツジと呼ばれます。クローンヒツジの実験から，成体まで発生が進んだ個体の体細胞にも，**全能性（totipotency）***が存在していることがわかりました。

> **biological words**
>
> ***全能性（totipotency）**
> 植物細胞でみられる未分化なカルスは全能性を持っている細胞の一種である。全能性（ぜんのうせい，Totipotency）は，細胞があらゆる細胞に分化することができる，つまり完全な一個体を形成できる能力をいう。

このクローンヒツジは「ドリー」として有名になりました。

クローンの成功率

ガードンの実験でのクローンガエルの成功率は約70分の1でした。哺乳類の体細胞クローンの成功率も低いです。ウシのクローンの場合は哺乳類の中でも成功率が高いほうですが，それでも20%程度です。核移植された体細胞クローン胚の多くは，子宮に移植できる発生段階（哺乳類の胚盤胞）までに死亡してしまいます。これらの胚では，染色体異常を起こしていて，核の全能性を回復できないためと考えられています。

細胞の分化と器官を構成する細胞能力

多種多様な細胞で構成されている個体には，分化した細胞だけでなく，未分化な細胞も含まれています。組織を構成する分化した細胞をつくる能力を持ち，自己複製能力を持つ未分化な細胞が幹細胞です。この幹細胞を用いて，機能が著しく低下したり，欠損した組織や器官の機能を回復させる医療のことを再生医療と言います。現在，人工的に作成した幹細胞を再生医療に利用する研究が進められています。

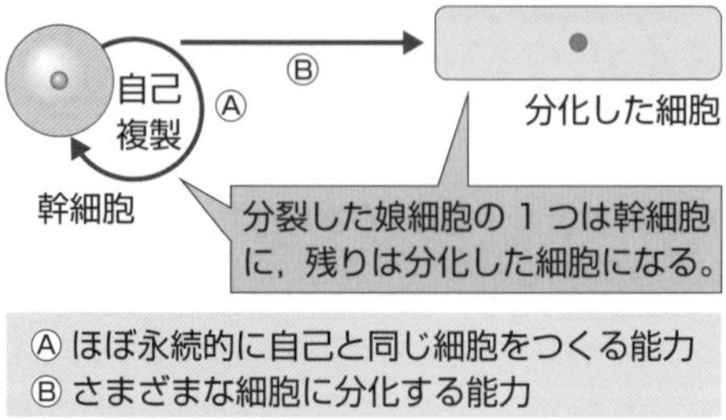

■なぜクローンヒツジの誕生が衝撃的だったのか？

クローンとは，受精過程なしで生まれた，同一の遺伝情報を持つ個体同士のことを言います。自然界にはよくあることで，植物の増殖方法の挿し木で増やした樹木や，種イモから育てたジャガイモもみなクローンです。では，なぜドリーの誕生は衝撃的だったのでしょうか。

人間などの動物の場合，精子と卵が合体した受精卵が卵割という胚発生のプロセスを経て，次世代が誕生します。受精卵は，ある時期まで分裂したそれぞれの細胞が，誕生する個体の各部分に分化して成長します。神経系になる細胞は中枢神経系や末梢神経系にしかならず，肝臓になる細胞は肝臓へと分化し，心臓になることはありません。そのため，人間の皮膚の細胞を取ってきて育てても，人間にはなりません。

ところがドリーは，ヒツジの乳腺細胞の核の遺伝情報をもとに作られた羊でした。これにより，乳腺細胞の核は乳腺細胞を乳腺細胞以外のものにもつくりあげられることがわかったのです。ヒツジで可能であれば，ヒトでも同様のことが可能なのではとの考えが，世界中に衝撃を与えたのです。

ドリーの誕生後，各国でヒトのクローン研究を行っても良いのかとの議論が沸き起こりました。日本では 2001 年 6 月にヒトクローン規制法が施行され，人間のクローン作りが禁止されています。

ドリーの誕生は，生命工学・生殖工学という研究分野の発展の過程で生み出されたもので，研究者たちが興味本位で行ったものではありませんでした。しかし，クローン人間が現実のものとなってきたことから，世界的な論議を呼んだのも当然と言えるかもしれません。

further study

クローンヒツジ誕生について間違いやすいので時間について述べておきます。1996 年 7 月 5 日，乳腺細胞由来のクローンヒツジ“ドリー”がスコットランドのロスリン研究所の付属牧場で誕生し，その成果は翌年の 1997 年 2 月イギリスの科学雑誌「ネイチャー」に掲載されました。クローンヒツジドリーの誕生は 1996 年か 1997 年かで文献でも違っています。誕生は 1996 年が正しいのです。つまり，誕生とその報道に 7 か月のタイムラグがあったのです。

6　再生医療への道

幹細胞の種類

ES 細胞（embryonic stem cells）

1981 年 2 つの研究グループによって，マウスの胚から「胚性幹細胞（ES 細胞）」が，それぞれ独立に樹立されました。ケンブリッジ大学遺伝学部門のマーティン・エバンスおよびマシュー・カウフマンが 7 月に初めて報告し，子宮内のマウス胚を培養し，ES 細胞を樹立する新たな技術を明らかにしました。もう 1 つの研究グループ，カリフォルニア大学サンフランシスコ校解剖学部門のゲイル・R・マーティンは同年 12 月に論文を発表し，「胚性幹細胞」という用語を作りました。

1998 年，ウィスコンシン大学マディソン校のジェームズ・トムソンによって率いられた研究者らが，ヒト胚性幹細胞を単離・培養する技術を初めて開発しました。この ES 細胞によって，さまざまな細胞に分化する能力（全能性）を持ったまま培養し続けることが可能となりました。これを応用して特定の組織に分化させて治療する方法ができました。たとえば，ヒトの ES 細胞をランゲルハンス島の B 細胞に分化させ，これをインスリン分泌機能が低下した糖尿病患者に移植して治療する方法などが研究されています。

iPS 細胞（induced pluripotent cell）

iPS 細胞は人工的に多能性を誘導された幹細胞です。身体の中にある繊維芽細胞に，リプログラミングの働きをもつ遺伝子を導入し，人工的に細胞を未分化の状態に戻し多能性を誘導します。これは，2006 年に京都大学の山中教授が世界で初めてヒト iPS 細胞の作製に成功し，iPS 細胞と名付けられました。

リプログラミング因子とは，山中因子と呼ばれる 4 つの遺伝子のことで，あらゆる体細胞型の分子ネットワークを抑制し，新たに多能性幹細胞型の分子ネットワークを再構築することができる因子のことです。この因子によって，未分化の状態を維持しながら培養することが可能となっています。これらの遺伝子は，2001 年多田高らが行った研究が契機となって見出されました。

iPS 細胞は，ES 細胞のように受精卵の中の胚を利用するなどの倫理的な問題はなく，自身の身体の細胞から作り出すことで移植の拒絶反応もないとされており，今後の**再生医療（regenerative medicine）**の発展のために非常に注目され，研究が進められています。2014 年には，世界で初めて実際の患者さんへ臨床研究として，網膜色素上皮細胞の移植手術が行われました。今後も臨床への実用化の期待が高まっています。

臨床での状況

再生医療の現実

臨床研究は，慶應大学チームが計画したものが現在進行中です。背骨の中を通る神経の束（脊髄）を損傷して重いまひなどが起きた18歳以上の患者が対象で，移植の効果が見込める受傷2～4週間後に実施するとしています。

発表によると，手術は2021年12月，慶応大学病院で行われました。京都大側から提供された他人のiPS細胞から，神経のもとになる細胞を作製し，約200万個を患者の脊髄の損傷部位に移植しました。

脊髄損傷は，交通事故や運動中のけがなどが原因で脊髄が傷つき，手足などがまひして重い障害が残ります。国内の新規患者は年間約5000人で，回復が難しい慢性期の患者は10万人以上とされていて，根本的な治療法はありません。

iPS細胞由来の細胞を脊髄損傷の患者に移植する治療は，傷ついた神経の再生や，麻痺した機能の改善が期待されています。慶大はこれまでマウスやサルを使った移植実験を行い，手足などの機能が回復することを確かめたと言います。

計画は国の専門家会議で了承され，慶大は2019年秋以降に実施する予定でしたが，慶大病院が新型コロナウイルス患者の対応を優先し，実施を遅らせていました。準備態勢が整った2020年6月下旬から患者の受け入れを始めていました。

iPS細胞を使った主な臨床研究

iPS細胞から作製した細胞を使った臨床研究や治験は，これまで目の難病（加齢黄斑変性，角膜上皮幹細胞疲弊祥，網膜色素変性症），やパーキンソン病，虚血性心筋症，卵巣がん，膝関節軟骨損傷などで実施や実施が予定されています。

このほか，再生医療以外にも広がりをみせており，アルツハイマー病などの患者からつくったiPS細胞で病気のしくみを調べ，創薬を目指す研究も始まりました。

SECTION 3

遺伝情報の流れ

Flow of Genetic Information

1 遺伝情報の基本原則とは

DNA とタンパク質の関係

■セントラルドグマ（central dogma）の模式図

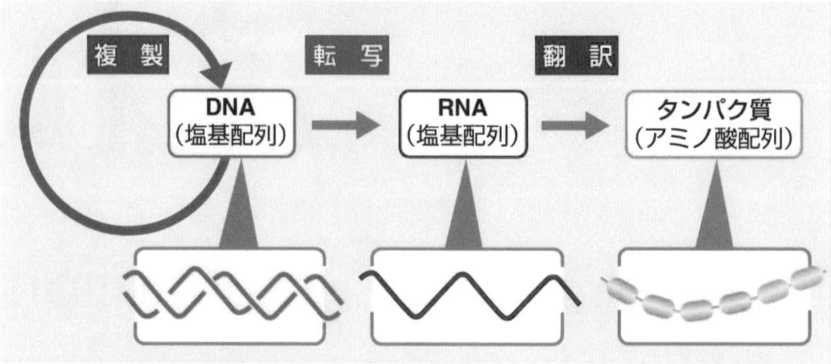

■遺伝子発現は情報の流れは一方向的

フランシス・クリックはジェームズ・ワトソンと DNA の二重らせん構造を提唱した後，DNA とタンパク質の関係について考え始めました。そして「セントラルドグマ」の考えを提唱したのです。

それは，DNA の情報をもとに RNA が産生され，RNA の情報をもとにタンパク質が合成されるが，タンパク質には RNA や DNA を産生するための情報は含まれていないという考えです。

クリックの言葉を借りると，「いったん，情報がタンパク質まで流れてしまうと，後戻りできない」ということです。

■セントラルドグマの例外

DNA は遺伝情報を蓄える唯一の媒体だと考えられていました。さらにワトソンとクリックのセントラルドグマでは，情報の流れは DNA から RNA そしてタンパク質へという一方向だと予想されていました。ですから，1971 年に，ウイルスの中に遺伝情報の流れが RNA から DNA へと変化するものがあることが発見されたときには皆一様に驚きました。

これらのウイルスも，最終的には高等生物と同様の方法でタンパク質を作ります。ウイルスが感染した時に，RNA のコードは，“逆に”転写されて DNA になります。それから，すでに認められている図式に従って RNA，そしてタンパク質ができます。RNA から DNA への変換はセントラルドグマを逆行するものなので，逆転写と呼ばれています。そして，このメカニズムを使うウイルスはレトロウイルスと分類されます。特別な合成酵素である逆転写酵素は RNA を鋳型として相補的な DNA 分子を，それから 2 本鎖の DNA 分子を合成します。

遺伝子発現の過程

DNA の情報をもとにしてタンパク質が合成されることを遺伝子の発現と言います。真核生物においては次の 3 つの過程に分けられます。

(1) **転写（transcription）**：DNA の塩基配列を写しとることを言います。

(2) **スプライシング（splicing）**：転写直後の mRNA の前駆体の不要部分を切り取り，つなぎあわせて mRNA をつくります。

(3) **翻訳（translation）**：mRNA の塩基配列をアミノ酸配列に読みかえ，タンパク質を合成します。

遺伝子発現の流れは，DNA から RNA がつくられ，その配列をもとにアミノ酸配列が指定されてタンパク質が合成されるというように一方向性です。この考え方をセントラルドグマと呼びます。

プロセスの詳細

転写のプロセス

まず，DNA の 2 本鎖が特定の部位からほどけて塩基どうしの結合が切れます。ほどけた部分では，RNA ポリメラーゼがプロモーターとよばれる特別な塩基配列部分に結合します。2 本鎖のうちプロモーターのもつ側の鎖に，相補的な塩基を持つリボースからなるヌクレオシド三リン酸がやってきて塩基どうしが水素結合します。その際，DNA のアデニン（A）に対して，RNA ではウラシル（U）を取り込みます。

その後，RNA ポリメラーゼが移動しながら，ヌクレオシド三リン酸から 2 つのリン酸をはずして端から順に結合していき，DNA の塩基配列を写し取った新しい RNA 分子ができます。このように 2 本鎖 DNA の一方の鎖（アンチセンス鎖）の塩基配列に対応した RNA を合成することを転写と言います。この RNA の塩基配列はセンス鎖と同じ（センス鎖の T を U に変えれば）配列になります。RNA を「意味のある（sense）配列」と考えてこの DNA を**センス鎖**と呼ぶことがあります。

一方，転写の際鋳型になる DNA は「センス鎖の反対」という意味で**アンチ**

センス鎖とも呼ばれます。転写は，開始・伸長・終了という3つの過程からなります。

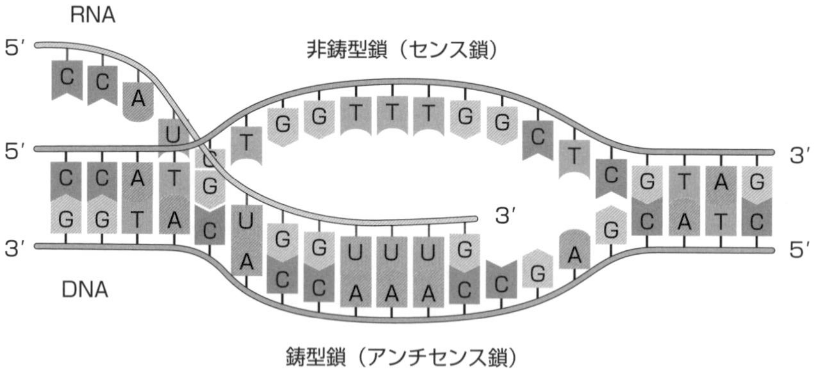

転写においてRNA合成の鋳型となったDNA鎖をアンチセンス鎖，鋳型とならなかった方のDNA鎖をセンス鎖と言います。つまり，転写では**アンチセンス鎖**を鋳型として相補的な塩基配列を持つRNAを合成し，結果としてセンス鎖と同じ塩基配列（AとUの違いはありますが）を持つコピーを作製するのです。

2 ポリメラーゼ

RNA ポリメラーゼの詳細

RNA ポリメラーゼ

細胞の中にはmRNAのほかに数種類のRNA分子が存在します。リボソームRNA（rRNA）や転移RNA（tRNA）などはmRNAと違って，それ自体の塩基配列がアミノ酸の並ぶ順序を決めるというわけではありません。

これらのRNAを合成する酵素をRNAポリメラーゼ（RNA polymerase）と言います。この酵素は常にDNAの塩基配列をコピーしてRNAを合成するのでDNA依存性RNAポリメラーゼとも呼ばれます。RNAポリメラーゼは細菌においては1種類で，それがすべてのRNA分子を合成します。

真核生物においては3種類のRNAポリメラーゼがあり，それぞれの酵素が転写するRNA分子種は異なっています。RNAポリメラーゼⅠはrRNAを合成します。RNAポリメラーゼⅡはmRNAを合成し，RNAポリメラーゼⅢはtRNAなどの低分子RNAを合成します。よって真核細胞でタンパク質合成などに働くRNAポリメラーゼはRNAポリメラーゼⅡのことを言いますが，単にRNAポリメラーゼと記述してあることが多いです。

RNA ポリメラーゼの発見

1969年2月にアメリカのロックフェラー大学のロバート・G・レーダー教授は，それまで1種類しかないと考えられていた転写酵素であるRNAポリメラーゼが真核生物では3種類あるのを確認しました。これは当時の常識を覆す「飛躍的な発見」でした。

多くの研究者の基礎となる発見に，古代ギリシャの数学者で発明者，アルキメデスが叫んだとされる驚嘆の言葉を交え「まさに『エウレカ！』の瞬間だった」と振り返っています。

転写を触媒する酵素である**RNAポリメラーゼ**では，アンチセンス鎖の3′側から新しくRNAが合成されます。RNA分子の合成は5′→3′の方向に進行します。

また，RNAポリメラーゼには，校正機構が備わっていません。転写時のエラーは，およそ10万塩基に1塩基の割合で発生しますが，寿命が短いため，DNAの複製ミスと比べて影響が小さいので致命傷にはなりません。

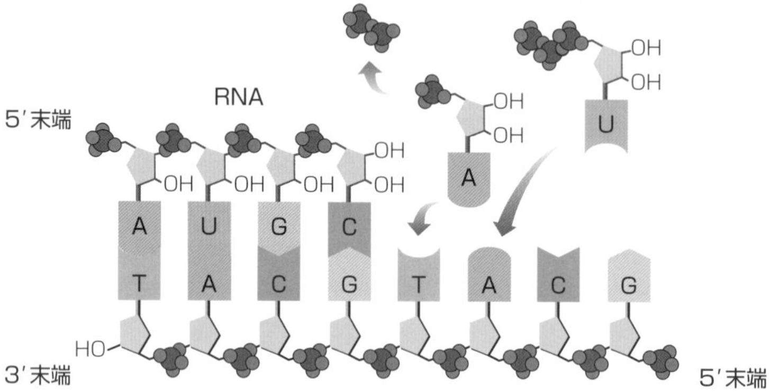

図1　DNA 鋳型鎖

eye on biology

- RNA 合成の方向は，5′→3′方向です。
- RNA ポリメラーゼは，RNA の 3′末端に鋳型 DNA と相補的な塩基をもつヌクレオチドを取り込む酵素です。したがって，合成中の RNA は必ず 5′から 3′方向へと伸長していきます。

RNA 合成の基質は，ヌクレオシド三リン酸（NTP）です。

RNA ポリメラーゼは RNA の 3′末端にヌクレオチドを結合させる酵素ですが，取り込む際には三リン酸のかたちで取り込みます。そして，実際に付加する前にピロリン酸（二リン酸）を切り取り，残ったヌクレオシド一リン酸を RNA 鎖に付加するのです。

NTP の高エネルギーリン酸結合の加水分解により，必要なエネルギーを得ます。

NTP に含まれる 3 つのリン酸間の結合は，高エネルギーリン酸結合と呼ばれ，高いエネルギーを持っています。この加水分解において生じるエネルギーを利用して，RNA ポリメラーゼは合成反応実行しています。

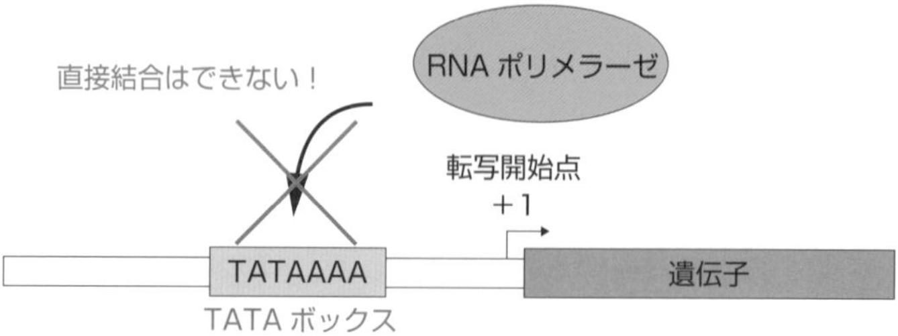

further study

ヌクレオシド三リン酸（nucleoside triphosphate，NTP）

ヌクレオシド三リン酸は，3つのリン酸が結合したヌクレオシドを含む分子です。ヌクレオシド三リン酸には，アデノシン三リン酸（ATP），グアノシン三リン酸（GTP），シチジン三リン酸（CTP），ウリジン三リン酸（UTP）があります。これらの用語は，リボースを含むヌクレオシド三リン酸に対しても使われます。

デオキシリボースを含むヌクレオシド三リン酸は，名前の前に「デオキシ」という接頭辞を付け，略称には“d”を付けます。デオキシアデノシン三リン酸（dATP），デオキシグアノシン三リン酸（dGTP），デオキシシチジン三リン酸（dCTP），デオキシチミジン三リン酸（dTTP），デオキシウリジン三リン酸（dUTP）があります。

DNAポリメラーゼとRNAポリメラーゼ

RNAポリメラーゼとDNAポリメラーゼの違い

DNAポリメラーゼと違い，RNAポリメラーゼは合成のきっかけとなる核酸（プライマー）を必要としません。つまり，1番目の塩基から合成を始めることができます。

DNAポリメラーゼはプライマーがないとDNAの複製を行うことができません。プライマーは，一般に大腸菌などで2～5ヌクレオチド，真核細胞で5～8ヌクレオチド，PCRなどで使用する合成プライマーはおおよそ18～22ヌクレオチド程度です。DNA複製を触媒する酵素，DNAポリメラーゼは既存の核酸の3′末端にヌクレオチドを追加するため，DNA複製過程においてプライマーは必須の要素になります。ポリメラーゼはプライマーの3′末端から始め，対向鎖を複製します。生体内におけるDNA複製は，RNAプライマーと呼ばれるおよそ5ヌクレオチドの短鎖RNAをDNA複製の開始に利用しています。これはリーディング鎖の複製時とラギング鎖の複製時とで異なることはなく，人体内にDNAプライマーは存在しません。

2本鎖DNAのどちらがアンチセンス鎖（鋳型鎖）？

DNAポリメラーゼにとって問題なのは，2本鎖のどちらを鋳型に使うのかです。2本の鎖は塩基の並びが違うので，生じるmRNA前駆体も違ってしまいます。その解決の鍵は，プロモーター自体の構造にあります。

プロモーターには極性があり，5′→3′の方向に特定の順序で並んでいるため，

RNA ポリメラーゼは必ず正しい向きに結合されます。鋳型鎖の選択といっても1つの染色体で転写がすべて同じ方向に進むとは限らないのです。

染色体全体でみると，転写の方向は隣り合った遺伝子で違っていることもあります。次の図で見ると転写の方向が，左側から右側におこるので，アンチセンス鎖の3′は左側にあることから，遺伝子 A と B と E は下側の DNA がアンチセンス鎖となっています。

一方，遺伝子 C・D・F では転写が右側から左側に向かっているので，右側が DNA の3′になります。これを満たすのは上側の DNA で，上側の DNA が遺伝子 C・D・F のアンチセンス鎖となります。ただ，普通はどの遺伝子にもプロモーターは1つしかないので，プロモーターの方向が遺伝子の転写の方向を決め，どちらの鎖が鋳型鎖になるかを決定しています。

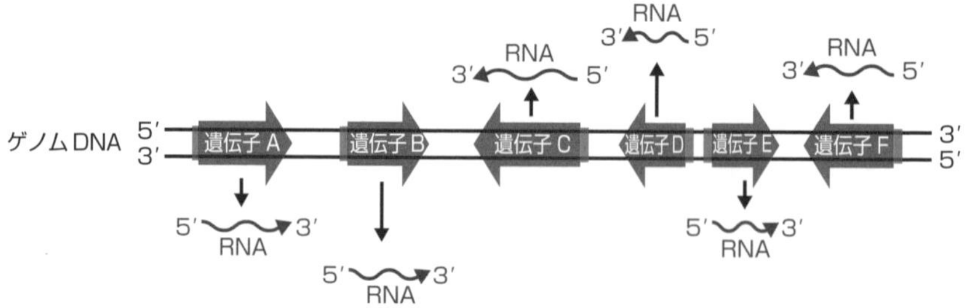

2本鎖 DNA のどちらが，鋳型鎖になるかはプロモーター配列の向きで決まります。これによって，RNA ポリメラーゼⅡが一方向的に結合し，mRNA の伸長反応が始まります。転写開始複合体には2本鎖 DNA のまき戻しを行う DNA ヘリカーゼ活性をもつ転写因子や，RNA ポリメラーゼⅡの活性を調節する転写因子も存在し，互いに協調して転写を行います。

POINT

すべての領域で同じ 1 本の鎖がセンス鎖で，もう片方がアンチセンス鎖ということにはなりません。

なぜなら DNA 上の遺伝子の方向はバラバラだからです。

3 転 写

プロモーターとターミネーターの役割

■転写単位

遺伝子の方向，すなわちRNAポリメラーゼがどこからどちら向きに転写するかを決定するのが，**プロモーター**です。プロモーターはRNAポリメラーゼの結合部位を含んでおり，転写の開始部位と方向を決めています。各遺伝子には最低1つのプロモーターが備わっています。プロモーターはRNAポリメラーゼにどこから転写を開始するのか，DNAのどちら側を鋳型にするのか，開始点からどちらの方向に進むのかを指示します。

そして，細菌の遺伝子には転写を停止させるシグナルがあり，これを**ターミネーター**と呼びます。このプロモーターからターミネーターまでの領域，すなわちRNAへと転写される領域が転写単位です。

■転写開始と終結の位置

細菌のRNAポリメラーゼに含まれる**σ因子**★1が，遺伝子のプロモーターを認識します。転写が始まるとσ因子は離れ，ポリメラーゼはそのまま進行してRNAを合成し，ターミネーターと呼ばれる配列に出会うまで，鎖を伸ばし続けます。ポリメラーゼはターミネーターをRNAに転写した後で止まり，DNA鋳型鎖と新たに合成した転写産物RNAとを手放します。その後ポリメラーゼは，遊離のσ因子と再び結合して別のプロモーターを探します。

biological words

★1 **σ（シグマ）因子**
真正細菌のDNA上で転写を開始する場所を決定するタンパク質。
RNAポリメラーゼと結合し，プロモーター領域の特異的な配列を認識することで，どの遺伝子を読むかを決定する。つまりDNA上で転写を開始する場所を決定するタンパク質。

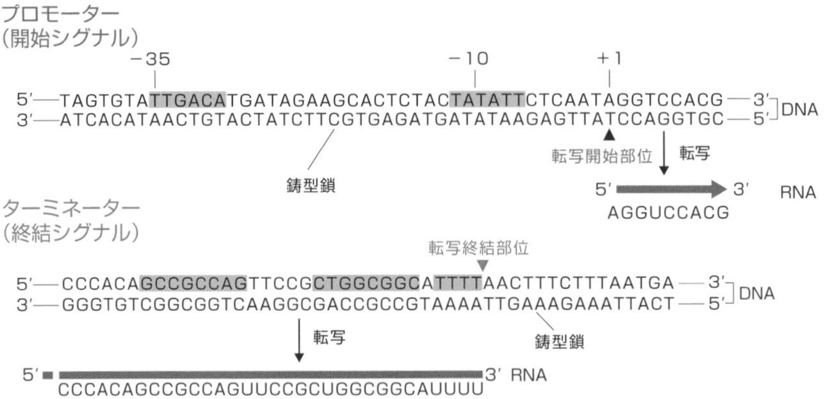

further study

転写終結

細菌では，RNA ポリメラーゼが DNA 鎖のターミネーター配列を通過するときに転写された RNA 分子のターミネーター配列が転写終結シグナルとして機能します。このシグナルにより RNA ポリメラーゼが DNA 鎖から解離できます。

一方，真核生物では，RNA ポリメラーゼⅡがポリ A 付加シグナルと呼ばれる DNA 配列を転写すると mRNA 前駆体にポリ A 付加シグナル配列が現れます。この配列に核内で一群のタンパク質がすみやかに結合し，その下流で RNA 鎖を切断します。このようにして RNA ポリメラーゼが解離し mRNA 前駆体が生成されます。

転写開始時の特徴

遺伝子のヌクレオチド番号

DNA 上の転写が開始するヌクレオチドの位置を転写開始点と呼び，+1 で表します。ヌクレオチドの位置は，転写開始点より前の 5′ 側を −1，−2，というように負の番号で表します。これを上流領域と呼びます。一方，開始点より後の 3′ 側を +1，+2，というように正の番号で表します。これを下流領域と呼びます。RNA 合成が始まる最初のヌクレオチドをプラス 1 とし，RNA の 3′ 方向にむかって番号を振ります。RNA 合成が始まるすぐ前のヌクレオチドを −1 とし，5′ 方向にむかってマイナスの番号を振ります。0 という位置はありませんから注意しましょう。つまり転写開始点から上流がマイナス，下流がプラスになります。

また，開始コドンから転写が始まると勘違いしている大学生も多いので注意しておきましょう。転写開始点からは転写が始まり，開始コドンから翻訳が始まります。

プロモーターでおこる反応

DNA ポリメラーゼによる DNA 合成の開始には，プライマーが必要ですが，RNA ポリメラーゼによる RNA 合成の開始には，プライマーは必要ではありませんが，DNA 上のプロモーターと呼ばれる領域は必要です。転写の際，RNA ポリメラーゼはプロモーターを認識して結合します。

プロモーターというのは，RNA ポリメラーゼが結合して転写の開始位置と方向を決定する重要な領域です。原核生物の様々なプロモーターの塩基配列を，転写開始点の位置を揃えて並べてみると，ある共通性が見えてきます。それは，転写開始点の上流になんとなく共通する領域があることです。転写を行うタンパク質がこれをみつけて結合し，転写が開始します。

プロモーターとターミネーター（promoters and terminators）

転写には始点と終点があります。プロモーターが始点の目印で，RNA ポリメラーゼ複合体に含まれる **σ 因子**[★2] がプロモーターを見つけ，二重らせんをほどいて合成を開始します。終点の目印はターミネーターです。

終結点の配列はヘアピン構造をつくるようになっていて，合成が物理的に止められます。そして，RNA ポリメラーゼが終結点に到達すると RNA は DNA から離れます。

> **biological words**
>
> ★2 **σ（シグマ）因子**
> 原核生物の RNA 合成酵素のサブユニットの 1 つで，遺伝子上流のプロモーターに結合し RNA ポリメラーゼの本体とさらに結合することで遺伝子の特異的な転写を引き起こす。
> （σ 因子は重要なので，p.93 と 95 にて 2 度取り上げました。）

転写開始点と特有の配列

転写開始点（+1）のおよそ 10bp 上流には，AT の多くみられる塩基配列が存在します。この領域は −10 領域または**プリブナウ配列**と呼ばれ，そのコンセンサス配列は **TATAAT** です。また，およそ 35bp 上流にも同様に保存された塩基配列があり。この領域は −35 領域と呼ばれ，その**コンセンサス配列**[★3] は **TTGACA** です。さらに，−10 領域と −35 領域の間の長さは 15 ～ 19bp（17bp が最適）です。これらの塩基配列（特徴）が原核生物のプロモーターに保存されているのは，−10 領域と −35 領域を認識して結合するタンパク質が存在するためです。

> **biological words**
>
> ★3 **コンセンサス配列**
> 複数の異なる生物間で，遺伝子の塩基配列やたんぱく質のアミノ酸配列を比較したときに見られる共通部分。

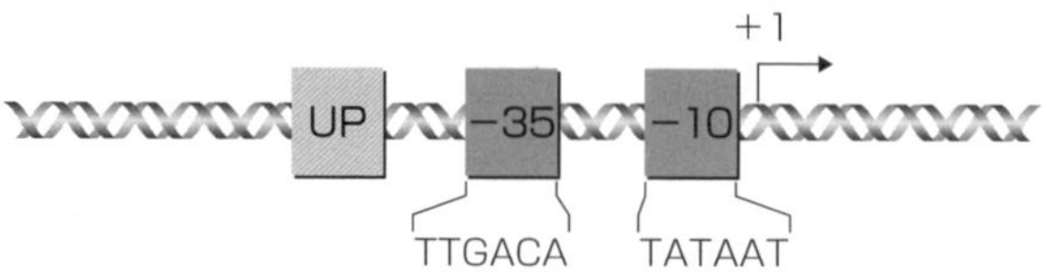

真核生物の転写開始点（transcription start point）

真核生物のプロモーターは，少し複雑になります。プロモーターを見つけるのは，**基本転写因子（general transcription factor，GTF）**の1つであるTBP（TATA-binding protein）です。真核生物のプロモーターには，**TATAボックス（TATAAAA）**と呼ばれるコンセンサス配列があります。真核生物では，この**TATAボックス**をもとに（TATAボックスが転写開始部位の目印となって）転写が開始されることが多いのですが，このTATAボックスを含むプロモーター領域には，RNAポリメラーゼが直接結合することはできません。

X線照射によって，遺伝子のプロモーターにあるTATAボックス中の配列が変化した場合，この遺伝子の転写はどうなるのでしょうか？

大学の前期試験や後期試験などの定期試験でこのような問題が出題されるときは，結果とその理由がセットで問われます。どのような解答をしたらよいでしょうか？　解答例としては，「TATA配列を認識する転写因子が結合できなくなるため,この遺伝子の転写は起こらなくなります」と答えるとよいでしょう。

Column　プリブナウ配列（pribunau array）

プリブナウ配列はプリブノーボックス（pribnow box）とも呼ばれ，真正細菌の遺伝子において，RNAポリメラーゼによる転写開始位置の上流10塩基対の位置にみとめられる共通塩基配列のことです。-10領域あるいは-10ボックスとも呼ばれ，また，真核生物同様TATAボックスと呼ばれることもあります。遺伝子の転写において，プロモーターとして機能し，RNAポリメラーゼの結合位置を規定する配列といわれています。

具体的な配列としては，5′-TATAAT-3′の6塩基対から成る配列となっています。真核生物（及び古細菌）における,TATAボックス（TATAAAA）に相当する配列です。

4　配列（イントロン）

転写～配列(イントロン)～スプライシングの流れ

スプライシング（splicing）

真核生物の遺伝子では，DNA の塩基配列に翻訳されない配列（イントロン）が含まれています。転写によってできる RNA の前駆体からイントロンが除かれる過程をスプライシングと言い，スプライシングを受けた後の RNA を mRNA と言います。また，イントロンに対して，翻訳される塩基配列をエキソンと言います。真核生物では多くの遺伝子で複数のエキソンがイントロンで分断された構造をしています。真核生物においては転写・スプライシングの過程は核内で行われます。

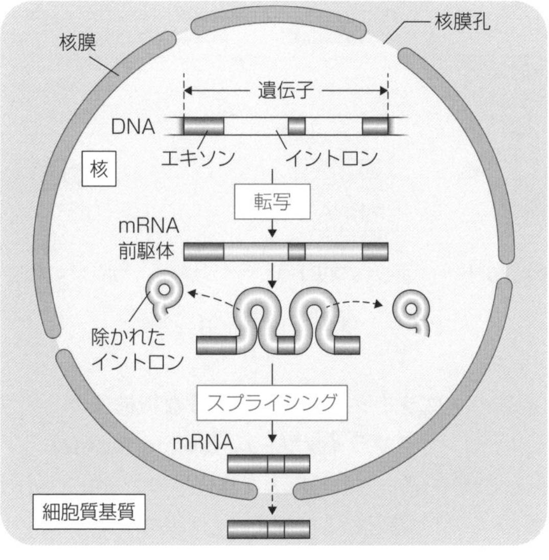

図 1　スプライシング

イントロンの発見

1977 年にアデノウイルスの mRNA をアデノウイルスのゲノム DNA とハイブリダイズさせて調べると，RNA を含まない 1 本鎖 DNA ループ（DNA displacement loops）が形成されることが観察されました。このことは，その mRNA 分子が，いくつかのひと続きでない DNA 領域と相補的なことを示しています。その後，多くの遺伝子が分断されていることが示され，真核生物の遺伝子の多くはこのような構造を持つことがわかりました。この遺伝子を分断している配列こそがイントロンです。古細菌やウイルスからもイントロンが見つかっています。

選択的スプライシング（alternative splicing）

スプライシングの際，取り除かれる部位が変化することにより，ある遺伝子の転写でつくられた1種類のmRNA前駆体から2種類以上のmRNAが合成されることがあります。このような現象は選択的スプライシングと呼ばれます。

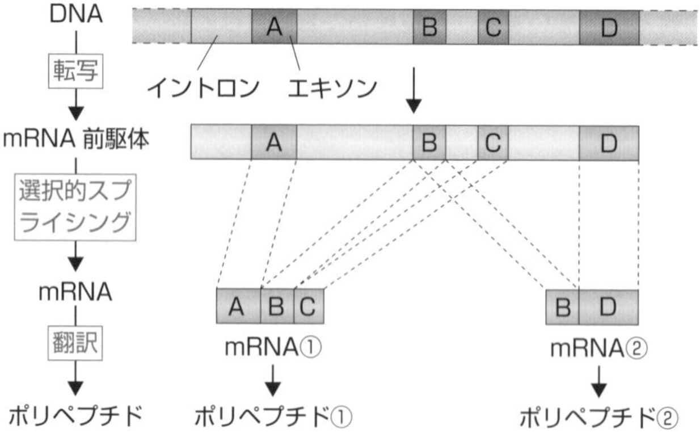

図2　選択的スプライシング

mRNA前駆体のスプライシングはどのような機構によって実施されるのでしょうか。イントロンは**スプライソソーム（spliceosome）**と呼ばれるタンパク質と低分子RNAから構成される巨大な複合体により除去されます。この複合体はイントロンの両端の鍵となる配列を含む数カ所の短いヌクレオチド配列に結合します。切り出されたイントロンはただちに分解され，スプライソソームはイントロンの両側の2つのエキソンを結合します。

スプライソソームに含まれる低分子RNAはスプライソソームの組み立てに関与してスプライシングする位置を認識するだけでなく，スプライシングの反応を触媒していることが明らかになってきました。

リボザイム

スプライソソームに含まれるRNAが触媒作用を持つという考えはRNA分子が酵素としてはたらく**リボザイム（ribozyme）**の発見のきっかけとなりました。

このリボザイムの発見により，生物学的な触媒はすべてタンパク質であるという常識は過去のものになったと言えます。

▨イントロンの意義

これまでわかっていたイントロンの役割として，次の2つがありました。1つが，同じ遺伝子からさまざまなタンパク質を効率的につくること。2つ目は既存のエキソンを組み合わせて，新しいタンパク質をつくることができるというものです。

最近酵母を用いた実験で明らかになったことですが，酵母は，飢餓状態におかれたとき，生存のためにイントロンがタンパク質合成を抑制し，エネルギーを節約する方向に働くことが見出されました。イントロンが細胞の生存に関わっていることがわかったのです。

その実験では，イントロンを1つ欠損させたさまざまな酵母と野生株を栄養不足の状態にしたところ，野生株は生存しましたが，イントロン欠損酵母は64%が死亡しました。栄養不足の環境におかれた時，野生株よりも欠損酵母でリボソームタンパク質遺伝子の高い活性が認められました。

5　mRNA のはたらき

mRNA の特徴

mRNA は働きがおわるとすぐに分解されてしまう

mRNA 分子は何回も翻訳に用いることができるので，1 個の mRNA 分子が細胞内に存在する時間によって，合成されるタンパク質の量に違いが生じてしまいます。というのは，mRNA はやがて分解されてしまうので，寿命によってその量が決定されます。真核細胞のほうが原核細胞に比べて長い傾向にありますが，同じ真核細胞でも β グロビン遺伝子の mRNA のように 10 時間を超える寿命をもつものもあれば，30 分以下のものもあります。

真核生物の mRNA の合成プロセス

真核生物では，核内で転写により合成された mRNA 前駆体は，スプライシングやさまざまな修飾を受けて成熟 mRNA となってから細胞質で翻訳されます。このような修飾には 5′ 末端へのキャップ★[1] と呼ばれる構造の付加や，3′ 末端へのポリ A 鎖★[2]（塩基としてアデニンをもつヌクレオチドが多数連結した構造）の付加などが起こります。

RNA キャップとは mRNA の 5′ 末端に存在するメチル化された GTP のことです。これは RNA ポリメラーゼが mRNA 前駆体の合成を開始して 25 ヌクレオチドほど並べた時点で付加されます。つまり，スプライシングが行われる段階では，すでに RNA キャップは付加されます。

biological words

★1 キャップ
グアニンキャップと呼ばれる複数のグアニンヌクレオチドが付加され，リボソームに結合しやすくなる。

★2 ポリ A 鎖
複数のアデニンヌクレオチドが付加され，分解酵素に分解されるのを防いでいる。

3′ 末端には平均的に 150 ～ 250 個の A が結合したポリ A が存在します。ポリ A が付加される反応をポリアデニル化と呼びます。

キャップやポリ A 鎖は，mRNA の安定性などに関与すると考えられています。図 1 は成熟 mRNA の構造をも模式的に示したものです。

図 1　mRNA の模式図

真核生物では，mRNA は核から細胞質に運ばれる

必要な mRNA と核のゴミとなる切り取られたイントロンやうまくスプライシングされなかった転写産物などは，核から外にでると少しまずいことになります。

サイトゾル★3 へ運び出す少数の mRNA と圧倒的に多いプロセシングのゴミをどのようにして区別するのでしょうか？

これは mRNA の輸送が関与していると考えられています。正確に加工された mRNA だけが輸送され，翻訳に用いられます。核質とサイトゾルを結ぶ核膜孔複合体が核への出入りを検問しています。“運び出し準備完了”となるには mRNA 分子の違った部分を識別する特定のタンパク質が mRNA 分子に結合することで行われます。

biological words

★3 サイトゾル
「サイトゾル」という用語が 1965 年に H. A. Lardy によって作り出されたとき，遠心分離中に細胞がバラバラになり，固形成分が除去されたときに生成された液体を指していた。ただし，流体はより正確に細胞質画分と呼ばれる。

翻訳が終了した mRNA はサイトゾルで分解

1 個の mRNA 分子は何回も翻訳されるので，mRNA 分子が細胞内に存在する時間によって合成されるタンパク質量が違ってきます。mRNA 分子は最終的には，サイトゾルにあるリボヌクレアーゼ（RN アーゼ）によりヌクレオチドに分解されます。その寿命は細胞によって大きく違っていて，最近では約 3 分程度，真核細胞では数時間のものもあれば 20 分〜 30 分という短いものもあります。

このような違いが生じるのは翻訳配列の 3′ 末端とポリ A 尾部の 3′ 非翻訳領域の部分に左右されることが多い。mRNA の寿命の違いは，合成されるタンパク質に大きく影響を及ぼします。β グロビンのように多量につくられるタンパク質は mRNA の寿命が長いことが知られています。

真核生物の転写・スプライシング・翻訳の過程

真核生物の翻訳の過程

① 核内で DNA の遺伝情報の転写がおこり mRNA の前駆体ができます。

② mRNA の前駆体はスプライシングを経て mRNA となります。mRNA は核膜孔を通って細胞質に移動し，リボソームと結合します。

③ mRNA のコドンが指定するアミノ酸と結合した tRNA が，アミノ酸をリボソームまで運搬し，アンチコドンの部分で mRNA のコドンと結合しま

す。

④　tRNA によって運搬されたアミノ酸は，合成中のポリペプチド鎖の末端のアミノ酸とペプチド結合します。

⑤　リボソームが mRNA 上をコドン 1 個分移動し，前の tRNA は mRNA から離れ，新たな tRNA が mRNA と結合します。この過程を繰り返して，タンパク質が合成されます。

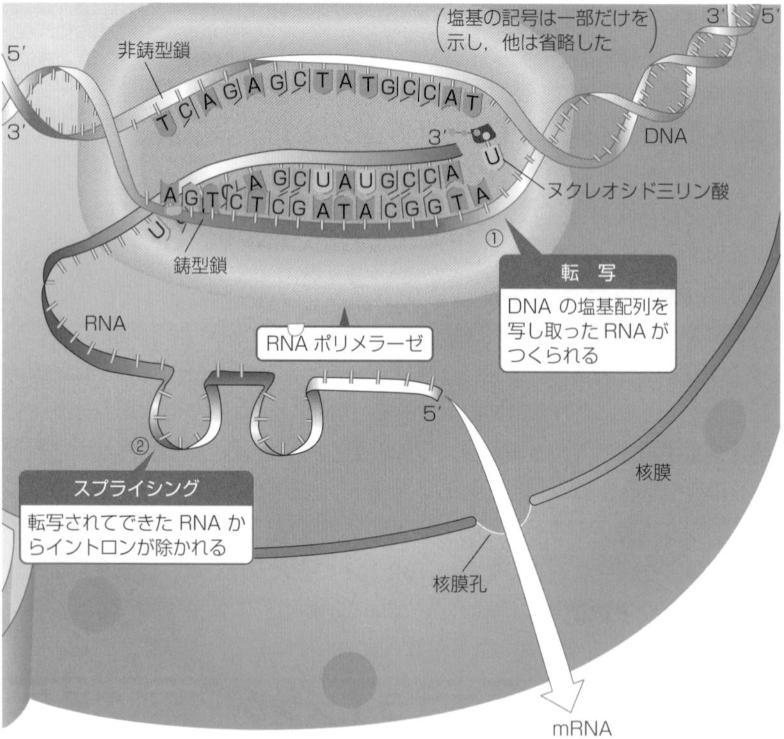

図 1　真核生物の転写とスプライシング

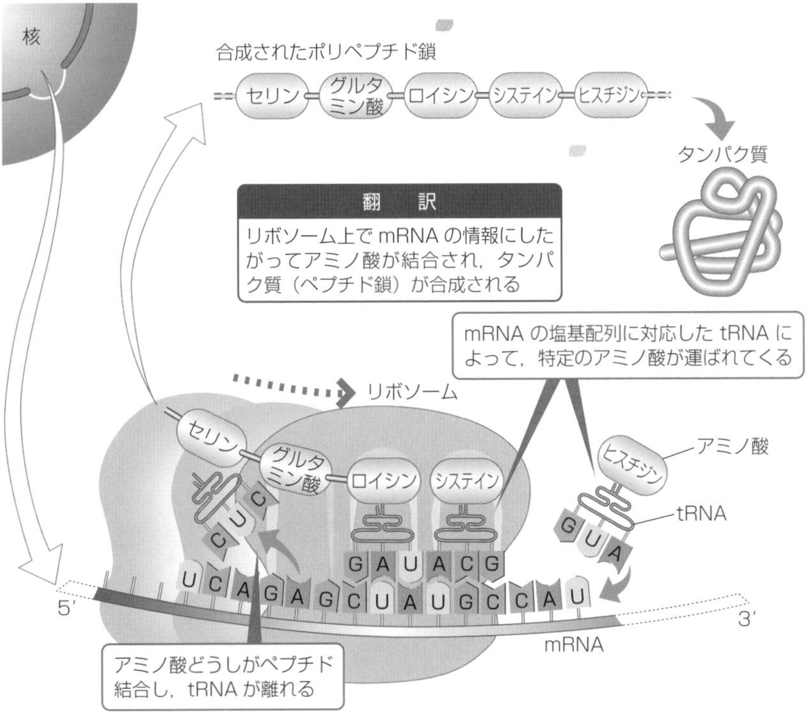

図2　タンパク質合成の過程

■開始コドンと終止コドン

mRNAは5′→3′方向に翻訳されます。タンパク質合成は，NH_2基を持つアミノ末端（N末端）で開始されCOOH基を持つカルボキシ末端（C末端）で終結します。mRNA上で開始コドンAUGが出現すると真核生物ではメチオニンが取り込まれます。

原核生物の場合はN-ホルミルメチオニンがポリペプチドの最初のアミノ酸として取り込まれます（後に，N-ホルミルメチオニンからホルミル基が除かれて，メチオニンに変化します）。その後は真核生物と同様にmRNA上の塩基配列に従って，アミノ酸はtRNAによりリボソームに移されます。これは，終止コドンが現れるまで続くものです。

6　タンパク質の合成

遺伝子発現の最終段階

翻訳の行われる場所

遺伝子発現の最終段階では，塩基配列がアミノ酸の並び方に変えられます。この過程は,外国語の**翻訳**に似ていることから**翻訳**と呼ばれています。翻訳では，mRNA中のコドンの指示通りにアミノ酸が次々につながれてタンパク質が合成されます。

原核細胞には，核と細胞質の区別がないので，翻訳は転写に引き続いて，同じ場所で行われます。真核細胞では，転写とRNAの加工は核内で行われ，完成したmRNAは細胞質へ送られ，そこで翻訳されます。

タンパク質合成に関与するRNA

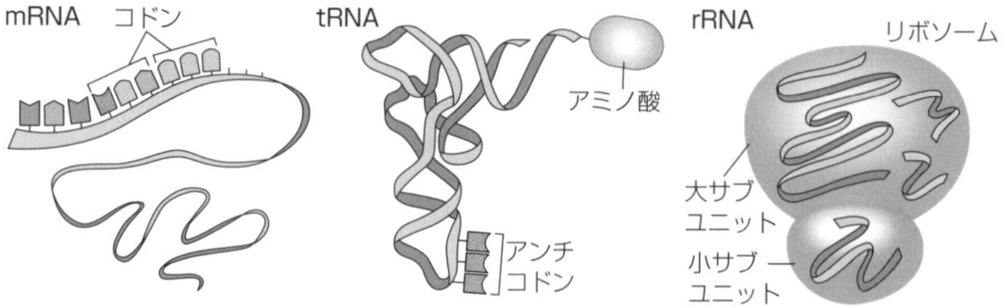

図1　タンパク質合成にはたらくRNA

非翻訳RNA

遺伝子の中には，RNA自体を最終産物とするものもあります。rRNAはmRNAをタンパク質に翻訳するリボソームの構造体の核となり，触媒の主役としてはたらきます。tRNAは選択した特定のアミノ酸をリボソームに運ぶ働きを行います。マイクロRNA（miRNA）と呼ばれる小型のRNAは真核生物の遺伝子発現の重要な調節因子です。

遺伝子発現（gene expression）とはどのように考えるか

広い意味では，DNAの塩基配列に書き込まれた情報が変換されて，RNAであれ，タンパク質であれ，細胞や生物に影響を及ぼす産物がつくられる過程をいいます。遺伝子の最終産物がタンパク質の場合には，遺伝子発現には転写と翻訳が含まれますが，最終産物がRNA分子のときには，遺伝子発現に転写だけが含まれ翻訳は含まれません。

細胞内で最も多いRNAは何？

細胞内に最も多く存在するRNAは何か知っていますか？ それはrRNAです。おそらく80%程度はrRNAであると考えられています。細胞内には多数のリボソームが存在しますが，その骨格をなすのがrRNAです。リボソームはダルマのような構造をしています。それは大サブユニットと小サブユニットから構成されています。大サブユニットの主な役割はアミノ酸どうしを結合させていくこと。小サブユニットは適切なmRNAとtRNAの結合を生じさせることです。小サブユニットではrRNAがつくる立体構造が非常に重要になります。

rRNAの種類

rRNAは4種類からなる

真核細胞のリボソームは60Sと40Sの2つのサブユニットに分かれているが，このリボソームの構成成分がrRNAで，RNAの中で最も多量に存在します。その遺伝子であるリボソームDNA（rDNA）からrRNAへの転写は真核細胞の場合RNAポリメラーゼⅠによって起こります。

真核細胞のrRNAは4種類（18S，5.8S，28S，5S）ありますが，そのうち18S，5.8S，28Sの3つは最初連続したRNAとして転写されます。つまりこの3つのrRNAは1つの遺伝子rDNAから転写されたのち，それぞれのRNAに分断されます。rRNAはmRNAと異なり，タンパク質に翻訳されることはありません。3つのrRNAが1つの遺伝子からつくられることは，常に同じ数のrRNAが準備でき，それぞれを1分子ずつ含むリボソームを構築するのに都合がよいからです。残りの5SrRNAは別の遺伝子からつくられます。このrRNAの合成の場が核小体であるので，核小体には多くのRNAが検出されます。リボソームの小サブユニットは18SrRNAと約30個のタンパク質からなります。大サブユニットは5S，5.8S，28Sの3種類のrRNAと約45個のタンパク質からなります。

Sは RNA分子の大きさを表す単位で沈降定数（sedimentation constant）です。沈降定数は遠心分離機でg（重力加速度）をかけたときに溶液中を沈降する速度を示します。

翻訳にはたらくtRNA

tRNAは約70～90ヌクレオチドからなる短いRNAでアミノ酸の種類数よりは多くの種類が存在しています。このtRNA遺伝子からRNAへの転写はRNA

ポリメラーゼⅢによって行われます。

tRNA はクローバー状の特異的な構造をしているもので，3′末端に特定のアミノ酸を結合させて運ぶことができます。アミノ酸と結合している tRNA は特にアミノアシル tRNA と呼びます。

アミノ酸を指定するコドンは全部で 61 通りあるので，61 種類の tRNA が必要なように思われるかもしれませんが，実際にはその種類は 61 よりも少ないです。これはコドンの 3 文字目，すなわちアンチコドンの 1 文字目の塩基が厳密な相補的塩基を要求せず，2 個以上の塩基を認識できるため（ゆらぎ説）。

tRNA にアミノ酸を結合させる酵素 (enzyme that binds amino acids to tRNA)

tRNA は，それぞれのもつアンチコドンに対応する特定のアミノ酸と結合します。アミノ酸と tRNA の結合はアミノアシル tRNA 合成酵素によって触媒されます。下の図は**アミノアシル tRNA 合成酵素**にアスパラギン酸（Asp）が結合します。これはアンチコドンが Asp を指定するので特定のアミノ酸が結合することになります。この酵素によりアミノ酸と ATP が反応し，アミノ酸のカルボキシ基に AMP のリン酸部分が結合したアミノアシル AMP ができます。そのあとに AMP は放出され，その代わりにアミノ酸は tRNA の 3′末端のリボースと結合されます。**tRNA の 3′末端はどれも CCA という塩基配列**です。

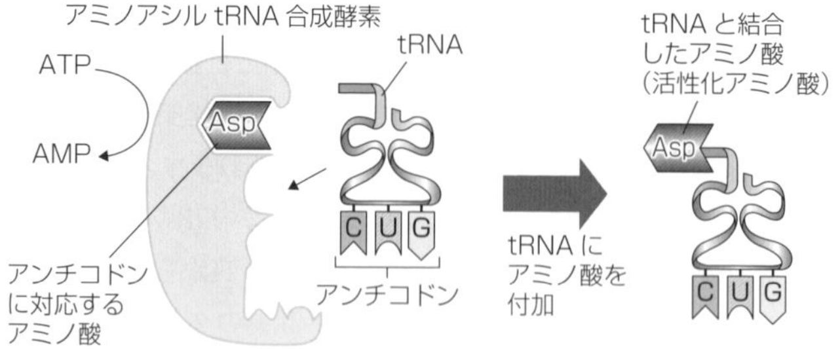

■アミノアシル tRNA 合成酵素

アミノアシル tRNA 合成酵素の活性部位は特定のアミノ酸と tRNA の組合せだけに適合します。この酵素は 20 種類のそれぞれのアミノ酸に対応して 20 種類存在します。アミノアシル tRNA 合成酵素がアミノ酸と tRNA との共有結合の形成を触媒する反応は ATP の加水分解によって得たエネルギーにより駆動されます。

活性化されたアミノ酸はアミノアシル tRNA 合成酵素から遊離し，そのアミノ酸をリボソーム上で伸長中のポリペプチド鎖に届けます。

■コドンとアンチコドンの対応

mRNA のコドンの 3 番目の塩基と tRNA のアンチコドンの対合規則が 1 番目の塩基や 2 番目の塩基ほど厳密ではありません。たとえば，tRNA のアンチコドンの 5′ 末端の U 塩基は，mRNA の 3 番目の塩基（3′ 末端）の A と G のどちらとも対合することができます。このような塩基対合の規則の柔軟性はゆらぎ（wobble）と呼ばれています。特定のアミノ酸に対する同義語のコドンは 3 番目の塩基が異なることが多く，1 番目や 2 番目が違っていることがほとんどありません。

たとえば，アンチコドン 3′-UCU-5′ をもつ tRNA は，mRNA のコドンでは，5′-AGA-3′ と 5′-AGG-3′ の 2 つと対応できます。つまりコドンの 3 番目の塩基が A であっても G であっても，tRNA は対応できます。なお，このコドンが指定するアミノ酸はアルギニン（Arg）です。

further study　《発展》

tRNA は何種類あるのでしょうか。コドンの種類だけあるのでしょうか？

遺伝暗号には縮重があり，1 つのアミノ酸を指定するのに複数のコドンが使われることがあります（アミノ酸 20 種類に対して終止コドンを含めて，遺伝暗号 64 種類を対応させる）。それには対応する tRNA 分子 2 種類以上持つアミノ酸があるか，2 種類以上のコドンと対合できる tRNA 分子があるか，どちらかでなければなりません。実は両方存在して，コドンの 3 番目の塩基は誤っても大丈夫なゆらぎ tRNA があります。その結果，ヒトではアンチコドンの種類が 48 通りに限られています。

アンチコドンの種類は 48 通りですが，tRNA 遺伝子は 497 もあります。これは tRNA が構成的（constitutive）に大量に発現する必要があるからで，同じ遺伝子がいくつもコピーされて複数の遺伝子をなしているのです。

理解度を見る復習課題

問題

〈コドンとアンチコドンの対応〉

tRNA のアンチコドンは，mRNA 上のコドンと対応している。二本鎖 DNA と同じように，両者が相補的な塩基対を形成すると考えると，アンチコドンとコドンの対応は 1 対 1 に限定される。しかし，実際には，1 つのアンチコドンで複数のコドンに対応していることがわかっている。

例えば，酵母のアラニル tRNA（アラニンが結合した tRNA）のなかには，a 分子のアラニル tRNA で GCU，GCC，GCA の 3 つのコドンのいずれにも結合できるものがある。これらのコドンは 3 番目の塩基がウラシル，シトシン，アデニンとそれぞれ異なっているが，1 つのアンチコドンで複数のコドンに対応するためには，アンチコドンとコドンの塩基対形成にあいまいさが必要である。

コドンとアンチコドンの塩基対形成の可能な組合せを調べたところ，表 1 に示すように，ウラシルはアデニンとの塩基対に加え，グアニンとも塩基対を形成することがわかった。また，tRNA の塩基としてアデニンやグアニンと類似した構造をもつイノシン（I と表記）が使われていることも判明した。

表 1

コドンの 3 番目の塩基	コドンの 3 番目の塩基と塩基対を 形成するアンチコドン塩基
U	A，G，I
C	G，I
A	U，I
G	C，U

(1)　正しい記述の組合せはどれか。最も適当なものを 1 つ選べ。

a　ある tRNA のアンチコドンが，2 種類のコドンと塩基対をつくることがある。

b　tRNA の総数はコドンの総数と等しい。

c　コドンの1番目あるいは2番目の塩基が異なる場合は，異なるtRNAにより認識される。

d　あるtRNAがいくつのコドンを認識するかは，そのアンチコドンの2番目の塩基により決まる。

e　あるtRNAのアンチコドンにイノシンが含まれる場合，そのtRNAが認識できるコドンは3種類になる。

① a, b　② a, c　③ b, c　④ b, d
⑤ c, e　⑥ d, e　⑦ a, b, c　⑧ a, b, d
⑨ a, c, e　⓪ b, d, e

(2)　下線aについて，この場合のアラニルtRNAのアンチコドンとして正しいのはどれか。最も適当なものを1つ選べ。ただし，塩基配列は5′から3′の方向で左から右に記してある。

① CGA　② CGG　③ CGI　④ CGU
⑤ AGC　⑥ GGC　⑦ IGC　⑧ UGC

解答

(1) ②　(2) ⑦

解説

(1) a　正しい　表1から，コドンの3番目の塩基と塩基対を形成するアンチコドンの塩基のうち,Gはコドンの3番目の塩基UとCに対応し,Uはコドンの3番目の塩基AとGに対応する。これらは，tRNAのアンチコドンの中には，2種類のコドンと塩基対をつくるものがあることを示している。

b　誤り　コドンの塩基と相補的な関係にあるアンチコドンの数はコドンの総数と等しいが,I（イノシン）もtRNAの塩基に使われること，および1つの塩基が複数の塩基と塩基対を形成できることから，tRNAの総数はコドンの総数と一致しないことがわかる。

c　正しい　コドンの3番目の塩基が異なる場合は，同一のtRNAにより認識されることがあるが，コドンの1番目あるいは2番目の塩基が異なる場合は，異なるtRNAにより認識されると考えられる。

d　誤り　表1に，tRNAがいくつのコドンを認識するかは，そのアンチコドンの3番目の塩基により決まることが示されている。

e　誤り　コドンの3番目の塩基と塩基対を形成する位置にイノシンが含まれる場合は，そのtRNAが認識できるコドンは3種類になるが，それ以外の位置にイノシンが含まれる場合は3種類にはならない。

よってa，cが正しいので②を選択する。

(2)　これら3つのコドン（GCU，GCC，GCA）について，1番目と2番目の塩基はGCで共通しており，3番目の塩基がU，C，またはAとなっている。

表1より，コドンの3番目の塩基がU，C，Aであるとき，これらに共通して塩基対を形成できるアンチコドン塩基はIのみであることがわかる。

よって，アラニルtRNAのアンチコドンは，5′から3′の方向で左から右に記述することに注意してIGCとなる。よって，⑦を選択する。

7 リボソーム

真核生物のリボソーム

リボソームはどこでつくられるか？

真核生物では，リボソームのサブユニットは，核小体でつくられます。リボソーム RNA 遺伝子が転写され（翻訳はされません），細胞質から核内に搬入されたタンパク質と会合してリボソームが組み立てられます。

つくられたリボソームは核膜孔を通り，細胞質へと搬出されます。細菌と真核生物のリボソームは構造も機能もよく似ていますが，真核生物のリボソームの方が少し大きく分子の構成も細菌のものとは違っています。この違いが医学の面で非常に重要です。

真核生物のリボソームのタンパク質合成を阻害せず，細菌のリボソームだけを不活性化する抗生物質が開発されて病気との闘いに用いられています。テトラサイクリンやストレプトマイシンなどの抗生物質です。

タンパク質合成はリボソームで行われる

核膜孔を通り mRNA は細胞質に出るとリボソームが付着します。アミノ酸は tRNA と結合し，これをリボソーム上の mRNA に運びます。tRNA はリボソーム上で 2 個ずつ mRNA のコドンと相補的に結合します。運ばれたアミノ酸どうしは結合され，遺伝情報に従ったタンパク質が合成されます。

mRNA の方向性（direction）とタンパク質の方向性（direction）

mRNA にも 5′ 末端と 3′ 末端の方向性があります。リボソームは mRNA の 5′ 末端から 3′ 末端に向かって動き，開始コドンから終止コドンまでの間，アミノ酸をつないでいきます。DNA や RNA と同じようにタンパク質の両端も構造的に異なる（N 末端，C 末端と呼ばれる）ことが知られています。リボソームが mRNA の 5′ 末端から 3′ 末端へ動くと，ポリペプチド鎖は N 末端から C 末端方向へと伸長されていきます。

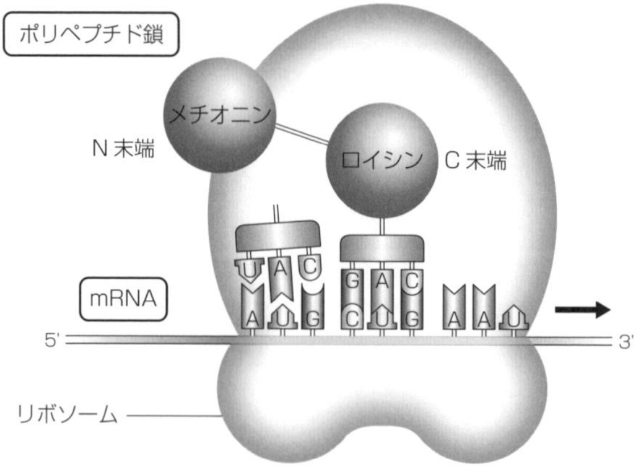

図1　mRNA とタンパク質の方向性

■アンチコドンはどれだけあるか？

タンパク質を構成する 20 種類のアミノ酸に対して，コドンは 61 種類あります。このことからアンチコドンの異なる tRNA は 61 種類もあると考えてよいのでしょうか？

実は tRNA はこんなにあるわけではありません。その 3 分の 2 程度しかないのです（このことは p.106 で述べておきましたから忘れないかと思います）。その理由は，コドンの 3′ 末端（アンチコドンの 5′ 末端）の塩基はそれほど厳密ではないからです。たとえば，アラニンのコドンで GCA，GCC，GCU は同じ tRNA によって認識されています。

tRNA 結合部位

■リボソームには 3 か所 tRNA 結合部位がある

リボソームには主要な tRNA 結合部位が 2 か所あります。1 つは，アミノ酸が結合した tRNA が結合する **A 部位**（A site, A は Aminoacyl-tRNA に由来）で，もう 1 つは伸長しつつあるペプチド鎖をもった tRNA が結合する **P 部位**（P site，P は peptidyl-tRNA に由来）です。第 3 の部位は **E 部位**（E site）といい，アミノ酸をペプチド鎖に渡してリボソームから放出される寸前の RNA が一時的に結合するところです。

たとえば，Met－Arg－Leu とならぶアミノ酸をリボソームに運ぶ tRNA はメチオニンと結合した$\mathrm{tRNA}^{\mathrm{Met}}$はまずP部位に結合します。その次のアミノ酸であるArgと結合した$\mathrm{tRNA}^{\mathrm{Arg}}$はA部位に結合します。MetとArgとの間でペプチド結合すると$\mathrm{tRNA}^{\mathrm{Arg}}$はアミノ酸2個のペプチド結合したメチオニン―アルギニン$\mathrm{tRNA}^{\mathrm{Arg}}$となります。この過程で，Metを失って不活性化された$\mathrm{tRNA}^{\mathrm{Met}}$ははじきだされ，$\mathrm{tRNA}^{\mathrm{Arg}}$がP部位に移動します。

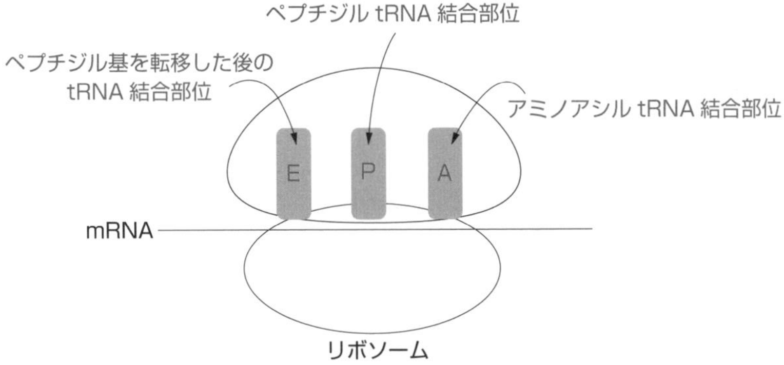

■タンパク質合成の終結には終止コドンを認識するタンパク質が必要

リボソームは終止コドン（UAG，UAA，UGA）に達すると終結因子（原核生物では3個のタンパク質，真核生物では1個のタンパク質）によって翻訳が完了します。リボソームに結合したペプチジルにtRNAの加水分解によって完成したペプチドと最後のtRNAが遊離され，リボソームも2つのユニットに解離します。

■ポリペプチドの合成

翻訳というポリペプチド鎖の合成過程は，「開始」，「伸長」，「終結」の3つの段階に分けることができます。各々の段階に，mRNA，tRNA，そして翻訳機構を支えるタンパク質の因子が関与します。ポリペプチド鎖の合成開始と伸長の工程ではエネルギーが必要で，そのエネルギーはATPから供給されます。

Column　ペプチドとタンパク質

基本的には，2～50程度のアミノ酸がペプチド結合したものを指し，2つのアミノ酸がペプチド結合で結合したペプチドをジペプチド，3つはトリペプチド，4つはテトラペプチドと呼ばれます。また，2から20程度のアミノ酸が結合したペプチドを**オリゴペプチド**，もっと多くのアミノ酸が結合した物質を**ポリペプチド**と呼ぶことがあります。

ペプチドは体内では，ホルモンや抗酸化物質などとして働いているものがあります。

一般にアミノ酸の数が50程度まではポリペプチド，50個以上はタンパク質と呼ばれますが，区分に明確な定義はなく10個のアミノ酸からなるタンパク質（シニョリン）も発見されています。

そのため，安定した固有の立体構造をしており，その立体構造が変化（変性／再生）するものがタンパク質であるとも考えられます。

体内では，酵素やホルモンとして代謝を調節したり，物質輸送，生体防御などの働きをし，エネルギー源にもなります。

8　タンパク質のフォールディング（protein folding）と輸送

■アンフィンセンのドグマ

リボソームで合成されたポリペプチド鎖は，適切な立体構造に折りたたまれます。この過程をフォールディングと言います。アメリカのアンフィンセン（C. B. Anfinsen）はリボヌクレアーゼを変性剤で変性させた後，変性剤を取り除くと再びもとの構造に戻すという明快な実験により，タンパク質の立体構造はアミノ酸の配列順序により自動的に決まるという説を提唱しました。これがアンフィンセンのドグマです。

翻訳後のタンパク質に何が起こるのだろうか？

■タンパク質の変性を修正するシャペロン

細胞内のタンパク質はシャペロンと呼ばれるタンパク質によりフォールディングを受けています。熱によって立体構造が変性したタンパク質もシャペロンのはたらきでもとに戻すような指令を受けます。これによって元の状態に戻る場合もあるが，修正が不能であった場合は，このタンパク質を分解してしまうはたらきを持ちます。

■シグナル配列によってタンパク質が移動する

合成されたタンパク質は，細胞質から細胞小器官や細胞外に移動するものがあります。タンパク質には立体構造決定の情報以外に**シグナル配列**が含まれます。このシグナル配列によってタンパク質は特定の場所へ輸送されます。

このシグナル配列は，アミノ酸配列のN末端か途中にあります。シグナル配列は標的の細胞小器官の外側にある受容体タンパク質（ドッキングタンパク質）に結合します。受容体タンパク質はチャネル（膜を貫通するトンネル）を形成し，この部分を通り細胞小器官の内部に入り込みます。この時にタンパク質はシャペロンによって立体構造を変化させ，チャネルを通りやすい構造となりますが，チャネルを通過した後は再び折りたたまれて正しい立体構造をとります。

■合成されたタンパク質は翻訳後修飾を受ける

リボソームで合成されたタンパク質はアンフィンセンのドグマに基づき特有の立体構造をとるだけでなく，元のポリペプチド鎖から切断されて形が変わることがあります。

たとえば，インスリンはプロインスリン（次ページの図）の形で合成され，プロインスリンから連結ペプチド（図の点線の部分）が切除されると活性をもつインスリンに変わります。

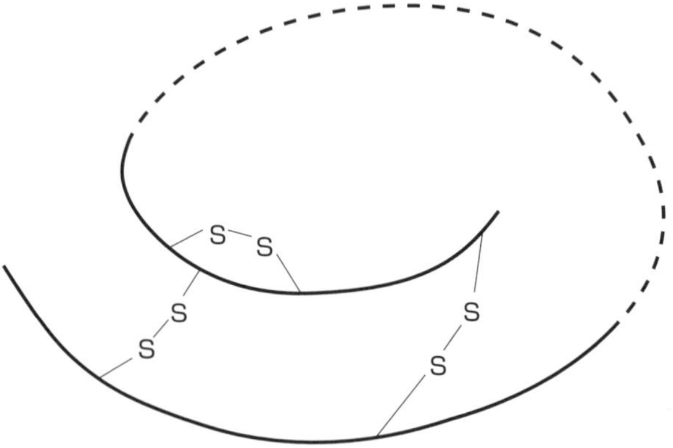

■タンパク質の修飾

合成されたタンパク質は，折りたたまれるだけでは不十分で，さまざまに加工されて初めて完全な機能をもつことが多いです。合成後のこのような修飾を翻訳後修飾（posttranslational modification）と言います。合成されたタンパク質を切断する修飾がプロセシング（processing）です。末端部分だけが少し削られる場合とタンパク質が途中で切断される場合があります。

■糖鎖の付加

糖鎖の付加は，小胞体→ゴルジ体の順で整然と行われます。付加される糖鎖は小胞体やゴルジ体の膜で作られます。細胞膜に埋め込まれている膜タンパク質や分泌タンパク質の大多数は糖鎖のついた糖タンパク質（glycoprotein）です。

付加された糖鎖は，タンパク質にさまざまな機能を与えます。細胞表面の糖タンパク質は，機械的あるいは化学的な損傷から細胞を守るはたらきがあります。また，糖鎖を利用して細胞表面に特異性を与え，細胞間の認識や接着を助けることもあります。さらにリン酸化など必要な修飾を受け，細胞内または細胞外へ輸送されて必要な場所で機能します。

合成されたタンパク質分解系

真核生物には 2 つの分解系がある

生命活動を維持するためには，いったん合成されたタンパク質を適切に分解処理する必要があり，そのメカニズムの破綻や異常はさまざまな疾患の発症原因となります。真核生物には2つの主要な細胞内タンパク質分解経路，**ユビキチン**★1**・プロテアソーム系**★2と**オートファジー**★3**・リソソーム系**★4が存在し，この2つの分解系が独立に，時には協調的に働くことにより細胞の恒常性は維持されています。

ユビキチン・プロテアソーム系

ユビキチン・プロテアソーム系は，分解されるべきタンパク質にユビキチンと呼ばれる小さなタンパク質が結合し（ユビキチン化），ユビキチン化されたタンパク質が分解装置複合体であるプロテアソームに運ばれて分解される選択的なタンパク質分解経路です。

ユビキチン・プロテアソーム経路は，多様な生体反応を迅速に，順序よくかつ一方向に決定する合理的な手段として生命科学のさまざまな領域（細胞周期，DNA 修復，たんぱく質品質管理，免疫応答など）で中心的な役割を果たしている細胞内のたんぱく質分解経路です。

オートファジー・リソソーム系

一方，オートファジーは「自食作用」とも呼ばれ，細胞質の一部が隔離膜によって取り囲まれたオートファゴソームが形成される過程と，オートファゴソームがリソソームと融合しタンパク質などの細胞質成分を分解する過程からなる，一般に非選択的な（分解する対象を選ばない）タンパク質分解経路です。

オートファジー・リソソーム経路は，細胞の非常事態（栄養飢餓や細菌感染など）に対応して発動し，外環境の変化に対応（アミノ酸供給，殺菌）する生存戦略と考えられます。しかし，最近，高等動物においてオートファジーは十

biological words

★1 ユビキチン（ubiquitin）
76 個のアミノ酸からなるタンパク質で，他のタンパク質の修飾に用いられ，タンパク質分解，DNA 修復，翻訳調節，シグナル伝達などさまざまな生命現象に関わる。

★2 プロテアソーム系（proteasome）
タンパク質の分解を行う巨大な酵素複合体である。プロテアソームは真核生物の細胞において細胞質および核内のいずれにも分布している。

★3 オートファジー
細胞が持っている，細胞内のタンパク質を分解するための仕組みの1つ。

★4 リソソーム系
多くの加水分解酵素を含み，消化作用を行う細胞小器官。真核細胞の中の膜性の小胞で，特に食作用を行う細胞に多く存在する。細菌などの異物や老朽化した自身の細胞の消化，その他種々の役割を果たす。

分に栄養が供給された状態でも恒常的に働き，細胞の恒常性維持に重要な役割を担うこと，即ち選択的な分解経路の存在が明らかになりつつあります。

プロモーターやオペレーターなどの非翻訳領域は非遺伝子領域と言えるだろうか？

コード領域で遺伝子を代表するという方法は，ゲノムDNA配列を解読したあとに，遺伝子の位置をマップしたり，配列から推定するとき，もっとも扱いやすいからという便宜的な理由だけです。

本来，遺伝子は機能単位ですからコード配列だけじゃなくその発現を制御する調節配列などなどひっくるめたものです。ポストゲノム時代になって，便宜的に遺伝子を代表させただけのコード配列を遺伝子そのものですというのは，明確に否定されます。

遺伝子というのは突然変異が生じ変異形質が見つかることでその存在が認知されました。ある特定の形質が出現しない場合，この変異体はその遺伝子のどこかに故障があるんだろうと考えます。ところがこうした突然変異の多くはコード配列上の変異ではなく転写調節の変異なのです。変異体を生じた故障というのは当然その表現型に関わる「遺伝子の変異」ですから，転写調節領域の変異でそれが起こったなら，そこも遺伝子の一部ということになります。

SECTION 4

遺伝情報の転写と

Transcription of Genetic Information

暗号解読

Decryption of Genetic Code

1　遺伝暗号

遺伝暗号の解読（decryption of genetic code）

■トリプレットがなぜ遺伝暗号（genetic code）となったのか

遺伝子はタンパク質を合成する遺伝暗号を含むことが，それ以前の研究の積み重ねからわかってきました。タンパク質は20種類のアミノ酸という基本単位が多数結合してできます。そのことから遺伝暗号はアミノ酸を指定しているはずと多くの研究者は考えました。

ヌクレオチドの中でリン酸と糖（デオキシリボース）は変化がありませんから，4種類の塩基だけが変化しています。そこで，その並び方でアミノ酸が決定するのではないかと考えたのでした。

■トリプレット説（triplet theory）

遺伝暗号は塩基3つ組を1単位とする形でDNAに書き込まれています。このDNAの情報がmRNAに転写されたものを遺伝暗号と呼びます。mRNAの3つ組塩基をコドンといい，それが遺伝暗号になります。

物理学者のガモフは1954年に既に重なり合う3つ組塩基がアミノ酸を指定するという考えを持っていました。しかし，塩基対それぞれにいずれかのアミノ酸とかみあうくぼみがあるというその考えは誤りでした。なぜなら，DNAの場所とタンパク質合成の場所は違っていたからです。

1955年にクリックはアミノ酸ごとに特定のアダプター分子（それ自体が小さなRNA分子）があり，それによってアミノ酸がタンパク質合成の場に運ばれると予想していました。これが正しかったのです。また，1956年ブレナーは遺伝暗号の問題点を整理し，2つ組では不足，3つ組以上でなければならないと指摘していました。

■なぜ塩基3つで1つのアミノ酸を指定する？

タンパク質を構成するアミノ酸は20種類です。これを4種類の塩基で表すと，塩基1個では4種類のアミノ酸しか表さないので無理ということになります。塩基2個ではたとえばCGとなればグルタミン酸を，ATとなればヒスチジンを……のようにしても$4^2=16$通りとなりますから，20種類のアミノ酸を指定することは無理ですね。

よって，少なくとも塩基3つが組み合わさって1種類のアミノ酸を指定するとなると，$4^3=64$通りとなり，20種類のアミノ酸すべて表すことが可能になります。こうなると40個以上の暗号は不要になるのでしょうか？

研究者は塩基3個で1種類のアミノ酸を指定するならば，その暗号を1個ずつ決めていけば先が展開すると考え遺伝暗号の決定に向かっていきました。

1961年，ブレナーとクリックは3つ組だという証拠を見つけました。塩基の，1つや2つを除くとフレームシフトが起こるが，3つを除いても必ずしもタンパク質の活性は失われなかったのです。しかし，まだこのことを誰も知りませんでした。

コドンの解明

どのようにしてコドン（codon）が解明されたか

64種類のコドンは，ニーレンバーグらの実験が端緒になって徐々に明らかにされ，その後，コラーナらの実験結果などを経てすべて解明された。

ちなみに，コドンとトリプレットの違いは，コドンは，コード（暗号）＋オン（単位），つまり暗号単位のことで，アミノ酸1つを指定する暗号の最小構造です。トリプレットは「3つのかたまり」の意味ですが，この場合は「塩基3つ」の意味となります。

ニーレンバーグらの実験（1種類の塩基だけをもつmRNA）

●**マーシャル・ウォーレン・ニーレンバーグ**
（Marshall Warren Nirenberg，1927-2010）

アメリカ合衆国の生化学者，遺伝学者で，遺伝暗号の翻訳とタンパク質合成の研究で，ロバート・W・ホリー，ハー・ゴビンド・コラーナとともに1968年のノーベル生理学・医学賞を受賞しました。

1961年，ニーレンバーグらは人工的に合成したmRNAを用いて，ポリペプチドを合成させ，ある1つのコドンに対応するアミノ酸の種類を調べました。すなわち，大腸菌をすりつぶしてリボソーム，各種の酵素，アミノ酸，ATPなどタンパク質合成に必要な構造体や物質を含む液を作り，ポリウラシルからなるmRNA（UUUU……）を加えたところフェニルアラニンのみからなるポリペプチドが合成されました。このことから，UUUのコドンはフェニルアラニンを指定する遺伝暗号だと考えられました。

アデニンだけからなるAAAはリシン，シトシンだけからなるCCCはプロリン，しかしグアニンだけからなるGGGはこの方法ではどのようなアミノ酸をコードするか確認できませんでした。それは，ポリ-Gが異常な構造を形成し，系を働かなくさせるためです。その後GGGがグリシンだけからなることは明らかにしましたが，他のコドンの解読は困難を極めました。

コラーナの実験（2種類の塩基を特定の順序に含むmRNAを用いた実験）

1963年にコラーナは次のような実験を行いました。

Ⅰ）ACACACの配列のmRNAを作り，トレオニンとヒスチジンが交互に並んだポリペプチドを作成。

Ⅱ）CAACAACAAの配列のmRNAを作り，グルタミンだけからなるポリペプチド，アスパラギンだけからなるポリペプチド，トレオニンだけからなるポリペプチドを作成。

●ハー・ゴビンド・コラーナ

（Har Gobind Khorana，1922-2011）

アメリカ合衆国の分子生物学者。遺伝暗号の翻訳とタンパク質合成の研究で，ロバート・W・ホリー，マーシャル・ニーレンバーグとともに1968年のノーベル生理学・医学賞を受賞しました。マサチューセッツ工科大学にて晩年まで勤務しました。

further study

予想されるトリプレットとアミノ酸

Ⅰ→ ACAまたはCAC…トレオニンまたはヒスチジン

Ⅱ→ CAAまたはAACまたはACA…グルタミンまたはアスパラギンまたはトレオニン

結論

ACAはトレオニン，CACはヒスチジンを指定する暗号

2種類の塩基を特定の割合に含むmRNAを用いた実験

たとえばUとAを5：1の割合で含む人工のmRNAを作った場合を考えてみます。このときのmRNAとしては次のようなものが表の比率でできると考えられます。

mRNAの塩基の組み合わせ	合成される比率
3個のU	125（＝5×5×5）
2個のUと1個のA	25（＝5×5×1）
1個のUと2個のA	5（＝5×1×1）
3個のA	1（＝1×1×1）

結合したアミノ酸の種類と比率
フェニルアラニン……125
チロシン………………25
アスパラギン…………5
リシン…………………1

予想されるトリプレット	
フェニルアラニン	UUU
チロシン	UUA または UAU または AUU
アスパラギン	AAU または AUA または UAA
リシン	AAA

コドン表の完成

RNAコドン表

	2番目のヌクレオチド				
	U	C	A	G	
U	UUU **Phenylalanine** (Phe)	UCU **Serine**（Ser）	UAU **Tyrosine**（Tyr）	UGU **Cysteine** (Cys)	U
	UUC Phe	UCC Ser	UAC Tyr	UGC Cys	C
	UUA **Leucine** (Leu)	UCA Ser	**UAA ストップ**	**UGA ストップ**	A
	UUG Leu	UCG Ser	**UAG ストップ**	UGG **Tryptophan** (Trp)	G

C	CUU **Leucine**(Leu)	CCU **Proline** (Pro)	CAU **Histidine** (His)	CGU **Arginine** (Arg)	U
	CUC Leu	CCC Pro	CAC His	CGC Arg	C
C	CUA Leu	CCA Pro	CAA **Glutamine** (Gln)	CGA Arg	A
	CUG Leu	CCG Pro	CAG Gln	CGG Arg	G
A	AUU **Isoleucine** (Ile)	ACU **Threonine** (Thr)	AAU **Asparagine** (Asn)	AGU **Serine** (Ser)	U
	AUC Ile	ACC Thr	AAC Asn	AGC Ser	C
	AUA Ile	ACA Thr	AAA **Lysine** (Lys)	AGA **Arginine**(Arg)	A
	AUG Methionine (Met) or 開始	ACG Thr	AAG Lys	AGG Arg	G
G	GUU **Valine** Val	GCU **Alanine** (Ala)	GAU **Aspartic acid** (Asp)	GGU **Glycine** (Gly)	U
	GUC (Val)	GCC Ala	GAC Asp	GGC Gly	C
	GUA Val	GCA Ala	GAA **Glutamic acid** (Glu)	GGA Gly	A
	GUG Val	GCG Ala	GAG Glu	GGG Gly	G

注記：

- アミノ酸のほとんどは同義的なコドン（3番目の塩基が異なる）をもつ。
- ある場合には，1つのtRNAがこれらの2つ以上の同義的コドンを認識できる。
- 例：アンチコドン3′AAG5′をもつphenylalanine tRNAはUUCだけでなくUUUも認識する。
- 正確には，コドンの3番目の塩基では，アンチコドンの塩基とややルーズな対合（wobble pairing，例えばGとUの対合）が許されるという複雑さ（ゆらぎ仮説）も存在する。
- コドン**AUG**は2つの関連した機能をもつ。
    - これはすべての解読の始まりを意味する。すなわち，合成されるポリペプチドのアミノ末端amino terminalにアミノ酸**メチオニン** methionineをセットし**翻訳**の始まりを合図する**開始コドン**（start codon または initiation codon）と呼ばれる。
    - 遺伝子内部にこのコドンがあれば，メチオニンを導入するように働く。この場合翻訳がすでにスタートしているので改めて開始の意味をもつことはなく，単にアミノ酸を指定する普通のコドンとして機能する。
- 3つのコドン，**UAA**，**UAG**，ならびに**UGA**は翻訳の終了を告げる合図として働く。これらは**終止コドン**（stop codon または termination codon）と呼ばれる。

■コドンが縮重しているのはどうして？

コドン表を見ると，複数のコドンで同じアミノ酸をコードしている（縮重している）ことがわかります。縮重（degeneracy）とは，いくつかの異なったコドンが1つのアミノ酸に対応することです。これは一見するとすごくもったいないことのように思えます。コドンとアミノ酸をもっと1：1で割り当ててやれば，さらに多くの種類のアミノ酸を活用したタンパク質ができそうに思えます

が，なぜコドンは縮重しているのでしょうか？

コドンが縮重している理由についてですが，遺伝暗号が縮重していることによって，センス側のアミノ酸に変化を及ぼすことなく（遺伝子がコードするタンパク質のアミノ酸配列に変化を及ぼさず），コドンの第3塩基位置で塩基を置換することが可能となっています。そのような状況の中にあるからこそ，センス配列でコードされているタンパク質に影響を与えることなく，アンチセンス配列のコドンの第1塩基位置での変化を生み出すことが可能となっているのです。

開始コドン(start codon)と終止コドン(stop codon)について

タンパク質のN末端はいつでもメチオニンです。大腸菌については開始コドンはAUG以外にGUG，UUG，AUUなども使われる場合もあります。しかし，真核生物ではAUG以外に例外はありません。ミトコンドリアゲノムには，イントロンはなく，遺伝暗号は変則的で，核ゲノムの終止コドンであるUGAがTrp（トリプトファン）に，Ile（イソロイシン）のコドンであるAUAはMetに，Arg(アルギニン)のコドンであるAGAとAGGは終止コドンに変わっています。このようなミトコンドリアDNAの遺伝的構成は動物に普遍的なものと考えられています。

転写と翻訳

原核生物の転写と翻訳

原核生物では，RNAポリメラーゼによってmRNAが合成され始まると，まだそれが完全には完成しない段階でmRNAの5′末端からリボソームが結合しタンパク質合成を開始します。

原核生物のRNAポリメラーゼは，単独でmRNAだけでなく，タンパク質合成時にはたらく別のタイプのRNAの合成も行います。

原核生物のmRNAの寿命は非常に短く数分程度です。したがって遺伝子発現はmRNA合成が順調に起こるかどうかで決定されます。つまり転写調節が遺伝子発現の主流を占めることになります。

真核生物の転写と翻訳

真核生物では，mRNAの前駆体はまず**hnRNA（ヘテロ核RNA：heterogeneous nuclear RNA）***として合成され，多くのプロセシング反応を経て，

> **biological words**
>
> ***hnRNA（ヘテロ核RNA：heterogeneous nuclear RNA）**
> DNAから転写で生成する成熟mRNA（mRNA）の前駆体。

核から細胞質へ輸送されます。ここにリボソームが結合してタンパク質合成を開始します。

真核生物でも転写調節は重要ですが，それ以外にもプロセシング，輸送，分解，転写後調節が大きな役割を占めています。

真核生物は核内に3種類のRNAポリメラーゼⅠ，Ⅱ，Ⅲが存在します。このうちmRNA合成に用いられるのはRNAポリメラーゼⅡです。残りの2つのポリメラーゼはrRNAやtRNAなどのタンパク質に翻訳されないRNA分子の転写を行います。

2　真核生物の転写後の修飾

RNA プロセシング（RNA processing）

真核生物では，細胞質に遺伝的メッセージが届けられる前に，mRNA 前駆体が核内で酵素により特別な修飾を受けます。これを **RNA プロセシング（RNA processing）** と呼びます。これから述べていく RNA スプライシングも RNA プロセシングの 1 つです。

mRNA 末端の修飾（end modifications）

mRNA の前駆体において 5′ 末端が合成され，転写が 20 ～ 30 塩基進んだところで修飾されたグアニンヌクレオチドに 5′ キャップ（5′cap）が 5′ 末端に付加される。mRNA 前駆体分子の 3′ 末端も修飾される。3′ 末端は **ポリ A 付加シグナルである AAUAAA**（下の図の 3′UTR の中にこの部分がある）が転写された後にまもなく切り離され，その 3′ 末端に 100 ～ 250 個の A（アデニン）ヌクレオチドが付加され，ポリ A テール（poly-A tail）が形成されます。

キャップ形成とポリ A テール形成という 2 段階の修飾は，mRNA 分子の安定性を高めて核からサイトゾルへの輸送を助けるとともに，mRNA であるという目印になります。

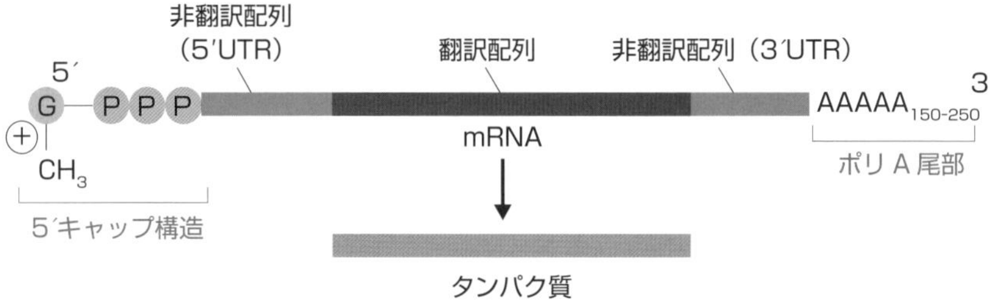

なお，上の図には mRNA の 5′ 末端と 3′ 末端の非翻訳領域（UTR）がそれぞれ，5′UTR と 3′UTR と表示してあります。UTR は mRNA のタンパク質に翻訳されない領域ですが，リボソームへの結合などの役割があります。

mRNA の中でも翻訳されない領域 5′UTR

5′ 非翻訳領域は 5′UTR（5′prime untranslated region）とも呼ばれ，転写開始点から開始コドンの手前までの領域のことを言います。その名の通り，この部位を含めた領域が mRNA へと転写されますが，翻訳はされない領域になります

（→同じようなものが3´側にもあってこれを**3´UTR**と言います。これは後程に説明します）。

それでは，何のためにこの**5´UTR**という領域が存在しているかというと，mRNAをタンパク質へと翻訳するときの調節領域として重要な配列になっています。

転写の開始点（transcription start point）

前ページの図にあるように，転写が開始される場所は，開始コドンの位置ではなく開始コドンよりかなり上流からです。開始コドンの上流には5´非翻訳領域（5´UTR）が存在することになります。この場所はリボソームが開始コドンを探すための“最初のランディング”が起こる場所でもあります。

2つの配列

SD配列（Shine-Dalgarno sequence）とコザック配列（Kozak sequence）

原核生物の5´UTRには，**シャイン・ダルガノ配列(SD配列)**と呼ばれるリボソームの結合部位が存在します。一方，真核生物の場合，5´キャップが主要なリボソームの結合部位になりますが，真核生物の5´UTRには，**コザック配列★**と呼ばれる翻訳開始に必要である配列の一部が含まれます。

コザック配列のコンセンサス配列は，（gcc）gccRccAUGGで表され，特に開始コドン（AUG）の3塩基上流のR（プリン塩基：A or G）と開始コドンの次のGが重要な役割を果たします。

biological words

★コザック配列
コザック配列とは真核生物の翻訳開始に必要である配列（不一致の場合も多いので全てにあてはまるわけではない）のこと。

オーストラリアの科学者，ジョン・シャイン（John Shine）とリン・ダルガノ（Lynn Dalgarno）によって提唱されたSD配列はmRNAにリボソームを動員するのを助け，リボソームを開始コドンに配置することによってタンパク質合成を開始させます。**真核生物にあるSD配列に類似した配列はコザック配列と呼ばれています。**SD配列の例を挙げると大腸菌はAGGAGGAです。

SD配列はコザック配列に注意しておくと翻訳開始のAUGが見つかることが多いのですが，結構これは難しいのです。

CDS と ORF

コーディング領域

コーディング領域は，**CDS（coding sequence）**とも呼ばれ，アミノ酸に翻訳される領域のことをいいます。つまり mRNA の 5´非翻訳領域（five prime untranslated region：5´UTR）と 3´非翻訳領域（three prime untranslated region：3´UTR）の間にある開始コドンと終止コドンに挟まれたタンパク質に翻訳される mRNA あるいはその鋳型となる DNA の領域を指します。

次の項目で説明する**オープンリーディングフレーム（open reading frame；ORF）**とコーディング領域とは同じ意味と考えてしまうこともあるのですが，少し違っています。ORF は，領域だけではなく**方向性と読み枠**があるので，コーディング領域よりも限定された狭い意味と考えてください。

塩基配列のみでコーディング領域かノンコーディング領域かを確実に推定することはちょっと難しいのですが，開始コドン（ATG）から始まって，同じ読み枠で終止コドンが一定以上の長さでの間出現しない（つまり，一定以上の長さの ORF が想定できる）といった条件で，予想することができます。

さらに 5´-側の非翻訳領域（5´UTR）や，3´-側の非翻訳領域（3´UTR）に多い配列パターンなどを加味する事でより正確に予想することができます。

オープンリーディングフレーム

オープンリーディングフレームは，**ORF（open reading frame）**とも呼ばれ，開始コドンで始まり終止コドンで終わる DNA 領域のことを言います。

ORF 内の ATG コドン（RNA で言う AUG）は，翻訳が開始される場所を示している可能性があります。転写終結部位は，ORF の後に，翻訳終止コドンの先にあります。もし，転写が終止コドンの手前で止まると，翻訳時に不完全なタンパク質が作られます。転写後にスプライシングによりエキソンが結合されて，最終的な mRNA が生成されるのです。イントロンには終止コドンが含まれていたり，リーディングフレーム間のずれが発生する可能性があるため，遺伝子予測においては，ORF の開始 - 終止の定義は，ゲノム DNA ではなく，スプライシングされた mRNA にのみ適用されます。

翻訳されない領域

3´ 非翻訳領域（3´UTR）

3´非翻訳領域は**3´UTR**（three prime untranslated region）とも呼ばれ，終止コドンの後ろにある翻訳されない領域（転写はされます）のことを言います。

3´UTRにはポリアデニル化シグナル（AAUAAA）の配列が存在するため，mRNAの3´末端への「ポリAテール」の付加に必要な配列になります。

また，3´UTRはmiRNA（マイクロRNA，約22塩基の短いRNA分子）による調節部位となっていることが多く，mRNAの翻訳抑制あるいはmRNA分解に関与している領域としても重要です。

mRNAには翻訳されない部分もある

mRNAの開始コドンと終止コドンの間には，タンパク質のアミノ酸の情報が含まれますが，開始コドンの前と終止コドンの後はそのような情報を含みません。つまりmRNAには必ず，5´側の翻訳されない部分（5´UTR）と3´側の翻訳されない部分（3´UTR）が存在するということになります。

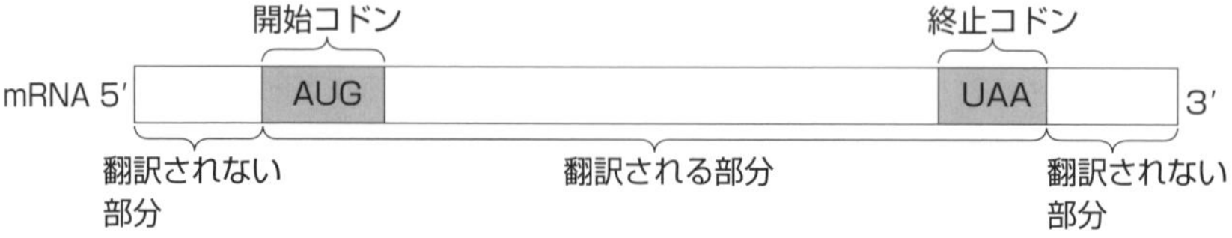

図1　mRNAの翻訳される部分と翻訳されない部分

上流の非翻訳領域は5´非翻訳領域（5´UTR：five prime untranslated region）と呼ばれ，その5´端は成熟mRNAでは**キャップ構造**の付加が起こります。一方下流の非翻訳領域は3´非翻訳領域（3´UTR：three prime untranslated region）と呼ばれ，その3´端は成熟mRNAではポリアデニル化によりpoly（A）鎖の付加が起こります。これらキャップ構造や**poly（A）鎖**の付加はmRNAの安定性を高め，キャップ構造はリボゾームを呼び込む働きを持っています。

転写の調整と終結

■ターミネーターと終止コドン

遺伝子の後ろには，転写を終了させるDNA配列（ターミネーター）があります。ターミネーターと終止コドンは間違えやすいが全く別物です。ターミネーター配列は，通常終止コドンの後ろにあり，RNAポリメラーゼによる転写を終わらせるシグナルとなります。終止コドンは，タンパク質のアミノ酸配列をコードするコード領域の中にあり，mRNAのリボソームによる翻訳を終わらせるシグナルです。

■プロモーターと転写調節因子（transcription factors）

遺伝子上流にはプロモーターと呼ばれる遺伝子発現の制御配列があります。

プロモーターには，さまざまな転写調節因子などが結合することによって遺伝子発現を促進あるいは抑制しています。

■転写終結（transcription termination）のメカニズム

現在の終結のメカニズムには2つの考え方（仮説）があります。1つは，合成されたmRNAそのものが原因となって転写が終結するメカニズムです。mRNAを合成しているRNAポリメラーゼがターミネーターを通過すると，ターミネーターを鋳型として合成された部分がヘアピン構造を形成することでRNAポリメラーゼとmRNAとが無理やり引きはがされるというものです。

もう1つは，ロー（ρ）因子と呼ばれる6量体を形成するタンパク質が関わるもので，RNAポリメラーゼがターミネーターの一部を通過すると，ρ因子がmRNAに結合し，さらにRNAポリメラーゼを結合することでRNAポリメラーゼの反応を停止させるという考え方です。

また，翻訳の終了についてはリボソームのはたらきのところを読んで理解してください。

■転写調節因子（transcription factors）と基本転写因子（general transcription factors）

転写調節因子と基本転写因子の違いについて説明しておきましょう。転写調節因子というのは，**調節タンパク質（regulatory proteins）**とも呼ばれるもので，真核生物・原核生物どちらにも存在します。基本転写因子は真核生物だけが持っているもので，RNAポリメラーゼと一緒にプロモーターに結合して転写を促進する働きを行います。また転写調節因子は転写調節配列に，基本転写因子は

TATA ボックス*に結合します。

biological words

***TATA ボックス**
TATA ボックスとは，真核生物古細菌の遺伝子において，RNA ポリメラーゼⅡによる転写開始位置の上流 25 塩基対の位置，あるいはさらに上流に存在する共通した塩基配列のこと。

「シス」と「トランス」

分子生物学におけるトランス（trans-）とは，「異なる分子の間で機能する」の意味です。

遺伝子とプロモーターのように2つの部位が同じ DNA 上に存在するという位置関係を「シス」の関係と言います。また，類似した用語にシスエレメントがあります。シスエレメント（cis elements, cis-regulatory elements または cis-acting elements）は同一分子上の遺伝子発現を調節するタンパク質を指します。シス（cis）はラテン語で「同じ側」の意味であり，「同じ側で発現調節する要素（因子）」がシスエレメントのもともとの意味です。

シスに対応する言葉に「トランス」という言葉があると考えてください。

2つの部位が別々の DNA 上に存在するという位置関係を「トランス」の関係といいます。トランスエレメント（trans elements）は，他からやってきてシスエレメントの塩基配列を認識して結合し，遺伝子の転写を調節するタンパク質です。

よく，別の DNA 領域から発現された転写因子などが，ある遺伝子の発現を制御するといった場合には，このことを「トランスに働く」ということがあります。

3　RNAと生命の起源

RNAワールド

■進化生物学者につきつけた謎

セントラルドグマの考えはタンパク質合成には核酸が必要であり，核酸合成にタンパク質（酵素）が必要という相互依存的な関係はどのようにして生まれてきたのだろうか？　という謎です。

地球上にDNAとタンパク質を中心とする世界が誕生する以前にRNAが遺伝子と触媒の働きをしていたという世界「RNAワールド」が提唱されている。

■RNAワールドの問題点

RNAワールド仮説には，自己複製したRNAがどのようにしてタンパク質のアミノ酸配列情報を獲得できたのか（遺伝子の起源），RNAワールドから遺伝暗号がどのようにして形成されたのか（遺伝暗号の起源），そして，全く新規なタンパク質がどのようにして形成されたのか（タンパク質の起源）という3つの問題点が挙げられています。この3つの問題点が解明できないと，生命の起源を考える上で最も重要な問題を解決できないことになります。

タンパク質ワールド

■GADV仮説（gadv hypothesis）

最近注目されている仮説で，これが今後大きくクローズアップされる可能性がある仮説です。GADV（タンパク質ワールド）仮説とは，奈良女子大学教授の池原健二氏が提唱する生命起源についての仮説の一種のことです。

GADV仮説とは，生命は遺伝子が形成されるよりも前に，**GNC（グアニン，任意，シトシンからなるコドン）**がコードする4つのアミノ酸（グリシン，アラニン，アスパラギン酸，バリン。これらをアミノ酸の一文字記号で表したものが，それぞれG「グリシン」，A「アラニン」，D「アスパラギン酸」，V「バリン」）からなるGADVタンパク質の擬似複製によって形成されたGADVタンパク質ワールドから生まれたとの説です。なおこれは，生命起源の学説では，主流となるRNAワールド仮説と相反する仮説になります。

further study

奈良女子大学の池原健二氏の生命起源（Origin of life）についての仮説

（1） [GADV]‑タンパク質による擬似複製によって，多様な触媒活性を持つ[GADV]‑タンパク質が多数合成され，[GADV]‑タンパク質ワールドが形成される。

（2） 次にこの多様な触媒活性を持つ［GADV]‑タンパク質によって，ヌクレオチドやオリゴヌクレオチドが合成される。

（3） 次に，[GADV]‑アミノ酸とGNCを含むオリゴヌクレオチドの間でGNC原初遺伝暗号が成立した。

（4） 原初遺伝暗号内のGNCが互いに連結されることによって，1本鎖の（GNC）n遺伝子が形成され，1本鎖の（GNC）n遺伝子が［GADV]‑タンパク質を合成していた。

（5） 続いて，1本鎖（GNC）n遺伝子の相補鎖の合成によって，2本鎖（GNC）n遺伝子が形成された。

（6） こうして最終的には，2本鎖RNA遺伝子の塩基配列が逆転写過程によってDNAに移され，現在のDNA→mRNA→タンパク質という遺伝情報の流れが完成した。

以上のGADV仮説に基づくと，DNA→mRNA→タンパク質からなる現在の遺伝情報の流れは，最も下流の［GADV]‑タンパク質の擬似複製から始まり，GNC原初遺伝暗号の成立，1本鎖（GNC）n遺伝子（mRNAに相当）の形成，2本鎖（GNC）n遺伝子の形成，そして，2本鎖遺伝子の形成というように，遺伝情報の流れを一歩ずつあるいは一段階ずつ遡るように形成されたというものです。

SECTION 5

遺伝子発現の調節

Regulation of Gene Expression

1　原核生物の転写調節（transcriptional regulation in prokaryotes）

大腸菌の酵素合成の誘導（induction of enzyme synthesis）

大腸菌は，グルコースを含んだ培地ではラクトース*を利用することはなくラクトース分解酵素は合成されません。培地にグルコースがなくなり，ラクトースしかないときにラクトース分解酵素をつくるようになります。

これは，それまで十分に発現していなかったラクトースを分解する酵素（ラクターゼ）などの酵素が誘導されるためです。

biological words

***ラクトース**
ラクトース（乳糖）はグルコース１分子とガラクトース１分子からなる二糖類のこと。

ところが，大腸菌の突然変異株にラクトースを含まない培地上でもこれらの酵素を合成するものが見つかり，これらの酵素をまとめて調節する特別な遺伝子があると考えられるようになりました。この説をオペロン説とよびジャコブとモノーによって提唱されました（1961 年）。

オペロン説（operon theory）

大腸菌では，ラクトースを分解・利用するための酵素の遺伝子が１つの遺伝子群として**ラクトースオペロン**を形成します。このようにいくつかの遺伝子がその発現を調節している遺伝子のもとで，共通の制御を受けている単位のことをオペロンとよびます。

ラクトースオペロン（lactose operon）

ラクトースがないとき

その概要は，調節遺伝子がつくる調節タンパク質（リプレッサー）がDNAのオペレーターに結合することで，RNA ポリメラーゼがプロモーターに結合できなくなります。この結果ラクターゼなど３種類の酵素をつくる遺伝子のはたらきが抑制されます。

ラクトースオペロンとは，大腸菌などの細菌がもっている「ラクトースをエネルギー源として利用するための一連の酵素（ラクトース分解酵素など）の発現を制御しているオペロン」のことをいいます。

ラクトースオペロンには，Lac*Z*，Lac *Y*，Lac*A* の３つの遺伝子がありますが，このうち Lac*Z* はラクトースをグルコースとガラクトースに加水分解する β- ガラクトシダーゼというタンパク質をコードしています。

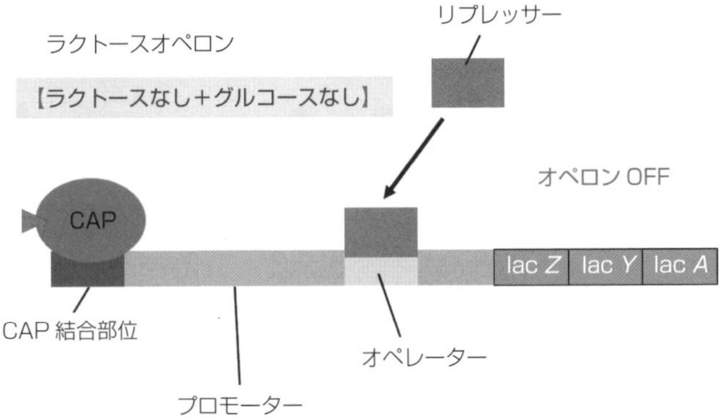

ラクトースがあるとき

ところがラクトースの代謝産物が調節タンパク質に結合すると，調節タンパク質はオペレーターから離れます。これによって転写の抑制が解除されます。

グルコースが存在するときには，ラクトースが存在していてもラクトースの利用は抑制されて，グルコースが利用されます。つまり，グルコースの存在が，細胞内の cAMP 減少させます。これを「**グルコース効果**」あるいは「**カタボライト抑制**」と呼びます。

グルコースは細胞内 **cAMP**（サイクリック AMP）濃度を下げることによって，「**CAP**（cAMP activated protein）」というアクチベーターの活性化を抑制します。これによって RNA ポリメラーゼのプロモーターへの結合が抑制されて，**転写が抑制**されます。

つまり転写が始まるためには，

① **CAP の活性化（← cAMP の濃度を高めることで起こる）**

② **調節タンパク質がオペレーターから離れる**

という状況が起こることが必要です。

ラクトースがあるからということで必ずしも起こりません。ラクトースがあってグルコースがないという条件を理解しておきましょう。

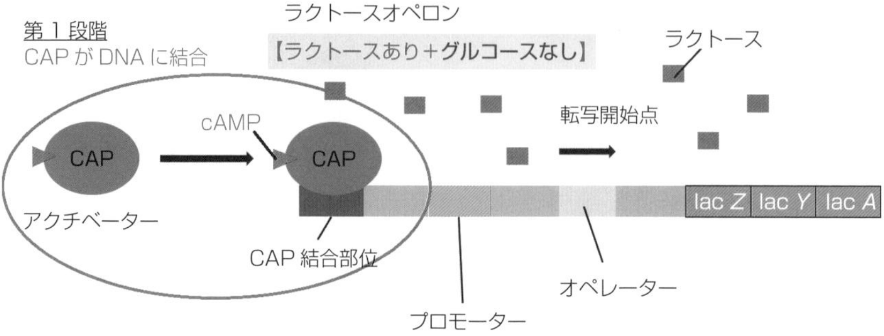

トリプトファンオペロン（tryptophan operon）

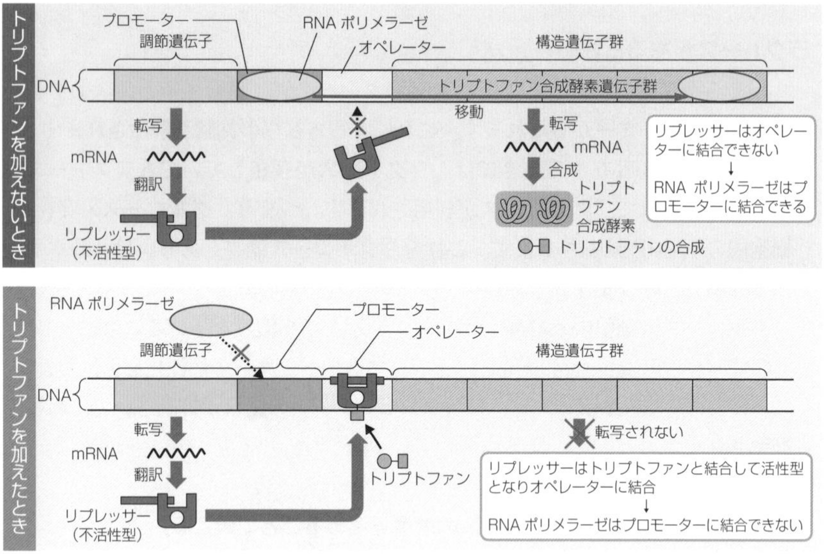

トリプトファンは，大腸菌に必要なアミノ酸であり，トリプトファン合成酵素の遺伝子は，通常は常に転写されています。しかし，トリプトファンが過剰になるとトリプトファン合成酵素の遺伝子の転写が阻害されます。これは，過剰なトリプトファンが不活性型の調節タンパク質と結合してリプレッサーとなり，これがオペレーターに結合して RNA ポリメラーゼがプロモーターに結合するのを阻害するためです。

アラビノースオペロン（arabinose operon）

アラビノースという糖を大腸菌に与えると，大腸菌はアラビノースの分解にはたらく3種類の酵素を合成します。グルコースがなく，アラビノースがあるとき，DNAに結合していた活性化因子はアラビノースと結合して立体構造が変化し，プロモーターに隣接する調節領域と結合するようになります。その結果，RNAポリメラーゼによる3種類の酵素の転写が活性化されます。

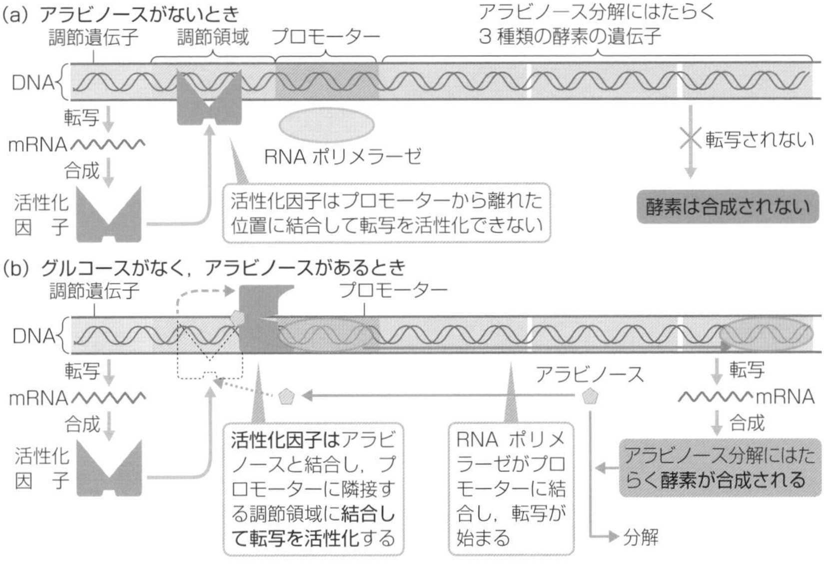

アラビノースオペロンのしくみ

正負の調節

負の調節と正の調節（negative and positive adjustments）

ラクトースオペロンでは，リプレッサーにラクトースの代謝産物が結合することで，リプレッサーはその立体構造が変化し，オペレーターに結合できなくなります。その結果，RNAポリメラーゼがプロモーターに結合し，構造遺伝子が転写されるようになります。また，トリプトファンオペロンでは不活性型のリプレッサーがトリプトファンの結合により活性型となることで，転写抑制にはたらきます。このような，リプレッサーによる調節を**負の調節**といいます。

一方，アラビノースオペロンにみられる活性化因子はアラビノースがないときは転写活性化せず，抑制しています。つまりリプレッサーとして働いています。このような活性化因子による転写の調節を**正の調節**といいます。

2　真核生物の発現調節（regulation of gene expression in eukaryotes）

遺伝子発現は，遺伝子が転写，翻訳されてタンパク質になるまでに多くの過程で調節されます。その中でも転写調節について述べていくことにします。この中には，染色体の機能や構造を変える核タンパク質が関与しているものもあれば，転写の鋳型となる遺伝子が複製されたり，染色体が再配置されたりとDNA 自体を変化させる場合もあります。

発現調節

■選択的遺伝子発現（regulation of selective gene expression）

真核生物では，細胞の生存に必要な遺伝子は常に発現しています。このような遺伝子をハウスキーピング遺伝子と呼びます。

一方，それ以外の遺伝子は細胞周期や分化の段階に応じてさまざまな調節がされていて，そのしくみは，原核生物よりも複雑で多様です。

■ハウスキーピング遺伝子（housekeeping genes）

この遺伝子はすべての細胞で，転写産物がつくられ続けている遺伝子です。

消化酵素に限れば，肝臓の細胞のみで，スイッチオンになっていますが，その他の細胞ではスイッチオフになっています。

まず転写による遺伝子発現の調節が行われ，その後にマイクロ RNA やノン・コーディング RNA による調節が行われます。

転写調節

■真核生物の転写調節（transcriptional regulation in eukaryotes）

真核生物の RNA ポリメラーゼは，多くの**基本転写因子（general transcription factor，GTF）**とともに転写複合体をつくってプロモーターに結合します。プロモーターや遺伝子から離れた位置には転写調節領域があり，この領域に結合した調節タンパク質（リプレッサーやアクチベーター）などの転写調節因子が転写複合体に作用して転写を調節します。

1つの遺伝子に対して，複数の**転写調節領域（transcriptional regulatory region）**があり，環境に応じて調節が行われます。同じ機能にかかわる遺伝子は離れた位置にあっても同じ塩基配列の転写調節領域をもつことで，同じ転写調節因子に調節されて協調的に発現します。

原核生物では，RNA ポリメラーゼが直接プロモーターを認識して結合します。また同じ機能にかかわる複数の遺伝子はオペロンによってまとまって調節されています。

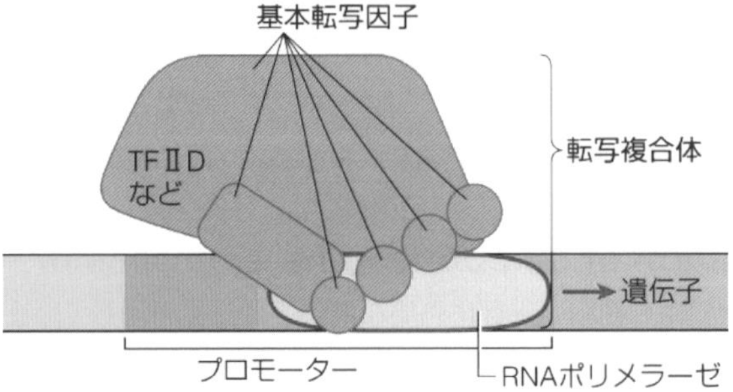

further study

真核生物の RNA ポリメラーゼには，RNA ポリメラーゼⅠ（pol Ⅰ），RNA ポリメラーゼⅡ（polⅡ），RNA ポリメラーゼⅢ（polⅢ）の 3 種類があります。それぞれ，rRNA，mRNA，tRNA や 5SRNA などを合成します。植物には pol Ⅳも存在します。特にことわりがない限り，polⅡの転写についてのことが述べてあります。

polⅡ系遺伝子のコアプロモーターには，基本転写因子が認識する，緩い共通配列が存在します。PolⅡで転写される遺伝子には，転写開始部位約 30 塩基長上流に AT に富む **TATA ボックス**をもつものがあります。このタイプのプロモーターの場合，まず基本転写因子の 1 つ TFⅡD が TFⅡA の助けで TATA ボックスに結合します。結合には，TFⅡD のなかの一成分である **TBP（TATA 結合タンパク質）**が中心的な役割を担っていて，TFⅡD 中の他の因子 **TAF（TBP-associated factor）**はプロモーター識別や転写制御（HAT 活性，コファクター能）にかかわります。その後，TFⅡB，そして TFⅡF の結合した polⅡが結合し，転写可能な複合体「**転写開始前複合体**」がつくられます。より効率的な転写のためには，そこに TFⅡE とともに TFⅡH が結合します。転写制御因子の多くは転写開始前複合体を標的としています。

mRNA

■ポリシストロン性 mRNA

原核細胞では，一連のタンパク質に翻訳される遺伝子は，ゲノム中で近接した集団として存在することが多いです。そのためこれらの遺伝子はオペレーターを共有し，1 つの長い mRNA として転写されます。このような 2 つ以上の独立したタンパク質をポリシストロン性 mRNA とよびます。

1本の mRNA 上に複数の遺伝子情報が乗っていることになります。それぞれの遺伝子について開始暗号の手前約 10 塩基のところにシャイン・ダルガノ配列（Shine-Dalgarno sequence）[★1] があるので，リボソームはそれぞれの遺伝子の翻訳を正確に開始できることになります。

この場合，最初のタンパク質合成が終了した後，mRNA 上をリボソームが2番目の遺伝子シャイン・ダルガノ配列まで滑走するケースもあったり，途中のシャイン・ダルガノ配列に直接リボソームが結合することもあります。

biological words

★1 シャイン・ダルガノ配列
リボソームの認識配列。SD 配列ともいう。

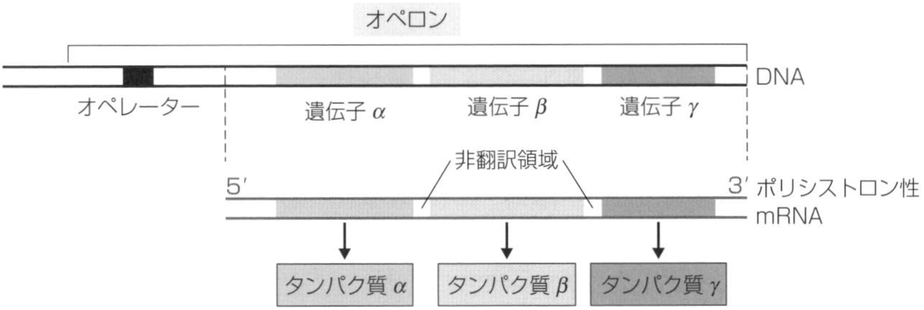

図 1　ポリシストロン性 mRNA

モノシストロン性 mRNA

真核細胞では1つのタンパク質は，1つの mRNA をもとに合成されるので mRNA 上には1個の遺伝子の情報しか乗っていません。真核細胞では転写された mRNA はキャップ構造，ポリ A 配列をもちます。原核細胞では，これらの構造をとりません。

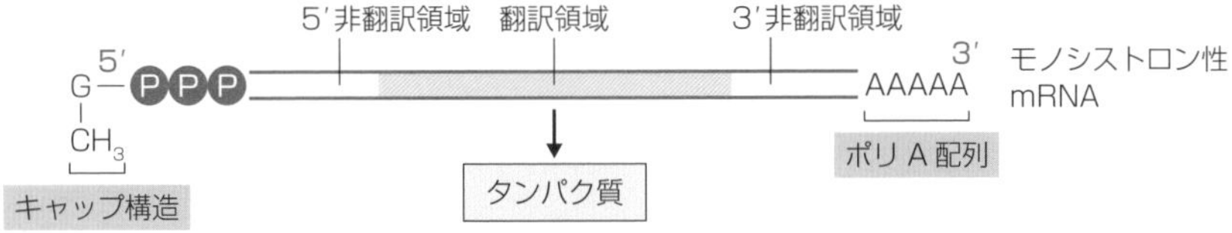

図 2　モノシストロン性 mRNA

クロマチン構造

■クロマチン繊維（chromatin fiber）がほどかれる

真核生物のDNAは，タンパク質とともに密に折りたたまれたクロマチン繊維と呼ばれる構造をしています。この状態では転写は起こらないので，調節タンパク質の結合によってほどかれてから転写が起こります。

図3　クロマチン繊維

■ヒストンやDNAの化学修飾（chemical modifications）

遺伝子が転写される際，染色体のクロマチン構造がゆるめられます。真核生物では，クロマチン構造の状態の状態が変化することで，多くの遺伝子の発現が調節されていると考えられています。このときのクロマチン構造の状態は，ヒストンやDNAにメチル基やアセチル基などの化学反応によって化学修飾して変化します。

ヒストンタンパク質の中で，ヌクレオソーム構造から突き出した部分は**ヒストンテイル**と呼ばれ，メチル化★2やアセチル化★3する化学修飾を受けやすくなります。

biological words

★2 メチル化
メチル基は $-CH_3$ で表される。

★3 アセチル化
アセチル基は $-COCH_3$ で表される。

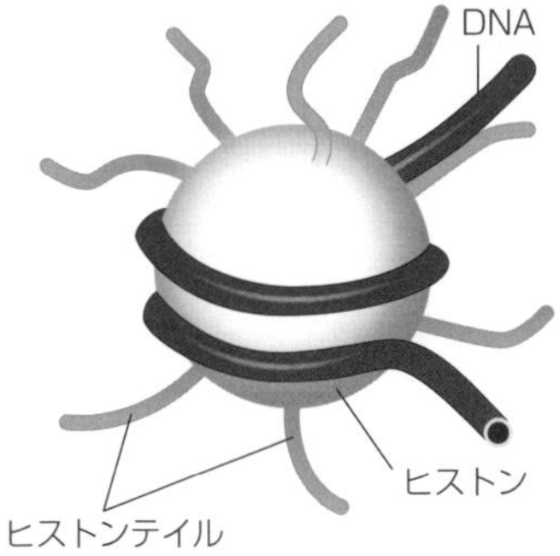

たとえばヒストンの特定のアミノ酸が**アセチル化（acetylation）**を受けると，クロマチン繊維の構造がゆるみ，DNA が転写されやすくなります。また，ヒストンの特定のアミノ酸が**メチル化（methylation）**されると，クロマチン繊維が密に折りたたまれ，DNA が転写されにくくなります。

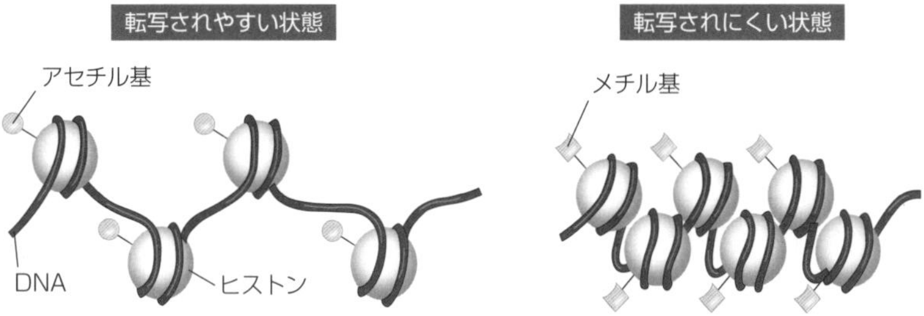

一方，DNA の塩基配列の中には，CG の繰り返し配列が存在します（CG は DNA の塩基のシトシン（C）とグアニン（G）です）。この CG の中にはメチル化されているものがあります。脊椎動物の DNA では，メチル化した C が多く存在する遺伝子は発現が抑制されていることが多いです。

ヒストンや DNA の化学修飾は，遺伝子の発現に影響を与えることによって形質を変化させます。これらの化学修飾は複製時に染色体に受け継がれています。

ユークロマチンとヘテロクロマチン（euchromatin and heterochromatin）

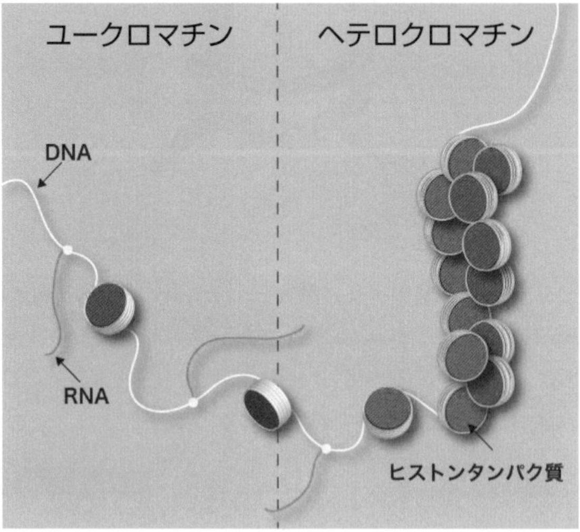

ユークロマチンはDNAが凝縮していない領域，**ヘテロクロマチン**は凝縮している領域と考えられ，そこからユークロマチンは転写に必要な種々のタンパク質が結合できる状態になっていることから，遺伝子転写が行われている領域に違いないと考えられています。

一方ヘテロクロマチンはDNAの構造がゆるめられていないので，転写に必要なタンパク質が結合できず遺伝子発現をしていないと考えられています。

3 ノンコーディングRNA

ノンコーディングRNAの重要性

ノンコーディングRNAの歴史

ノンコーディングRNAは，1980年代に最初に発見され，大腸菌のmicF RNAが，独自のプロモーターを持ち，環境ストレスに応答して翻訳を抑制する小さなノンコーディングRNAをコードする遺伝子であることが示されました。以後，多くのノンコーディングRNAが発見され，それらがすべてのRNAの60%を占めることがわかり，遺伝子発現の調節におけるノンコーディングRNAの重要性が報告され続けています。

現在，ノンコーディングRNAは非常に盛んな研究分野です。しかし，これらの分子の理解は向上しても，タンパク質構造と分子がどのように結びついているのか正確には理解できていません。

ノンコーディングRNAは，クロマチン構造/エピジェネティックメモリ，転写，RNAスプライシング，編集，翻訳，ターンオーバーなど，生理学および発達におけるさまざまなレベルの遺伝子発現を制御する隠れた内部シグナルです。また，ノンコーディングRNAは，発生，代謝，神経系の機能と知能，そしてもちろん疾患に関与する可能性も高いです。

ノンコーディングRNA（noncoding RNA；ncRNA）とは？

ノンコーディングRNAとは，タンパク質に翻訳されないRNAのことです。よく知られているmRNAはタンパク質の情報を運ぶために作られて，タンパク質に翻訳されます。一方でノンコーデングRNAはタンパク質にならず，RNAのままで機能を持っています。ノンコーディングRNAの中にもいろいろ種類があります。rRNA，tRNA，lncRNA，miRNAなどを考えてみてください。

rRNAやtRNAは説明していますから，lncRNAとmiRNAについて述べておきましょう。

遺伝子の発現をコントロールしているノンコーディングRNA

lncRNA（long noncoding RNA；長鎖ノンコーディングRNA）は文字通りノンコーディングRNAの中でも長いものを指します。

長さは200塩基以上で他のノンコーディングRNAに比べて長いのが特徴です。

哺乳類の細胞の中ではたくさんのlncRNAが作られていることがわかっています。その中には遺伝子の発現の制御に関わっているものもあります。

small RNA のうちの miRNA（microRNA）

遺伝子発現の調節

遺伝子発現の調節は，転写以外の方法でも行われます。近年，**small RNA（低分子 RNA）**と呼ばれる 20〜30 塩基の長さの RNA が，遺伝子発現の調節に関わっていることが明らかになってきています。small RNA はいくつかの種類に分類されますが，その 1 つに **miRNA（microRNA）**があります。

miRNA は，核内で RNA ポリメラーゼによって前駆体として合成され，同じ分子内で相補的な塩基同士が結合することで特有の立体構造をとり，その一部が切断されて，約 20 塩基の長さの 2 本鎖 miRNA となります。2 本鎖 miRNA の片側の鎖（1 本鎖 miRNA）はその後，タンパク質 S などと結合して，miRISC と呼ばれる RNA－タンパク質複合体を形成します（図 1）。miRISC は，自身に含まれている 1 本鎖 miRNA と相補的な塩基配列をもつ mRNA に 1 本鎖 miRNA を介して結合し，これによって遺伝子発現を制御します。これを RNA 干渉（RNA interference）といいます。

つまり，miRNA は RNA 干渉という方法で遺伝子の働きをコントロールする短い RNA です。RNA 干渉とは転写の後，作られた mRNA の働きを邪魔することで遺伝子の発現を抑える現象のことです。

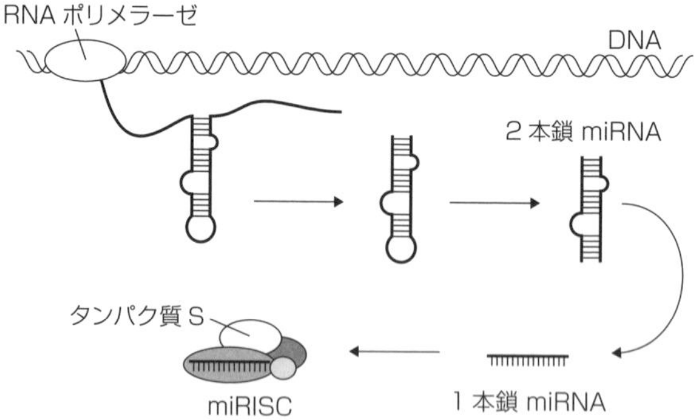

図 1　miRISC の形成

RNA 干渉（RNA interference）

RNA 干渉（RNA interference）のしくみ

さらに，1990 年代の終わりになると，様々な低分子量の RNA が見つかり，RNA を用いて相補的な塩基配列をもつ mRNA の翻訳を阻害する，あるいは mRNA そのものを分解するしくみを生物はもっていることが明らかになりました。このしくみを使って，標的とする mRNA の翻訳を阻害する，あるいは分解することで遺伝子の機能発現を抑える方法は**RNA 干渉（RNA interference）**とよばれています。

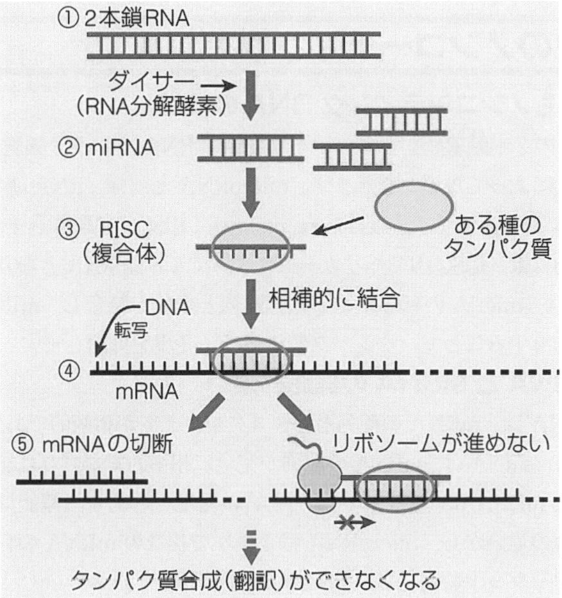

図 2　RNA 干渉（RNA interference）の模式図

RNA 干渉の研究の歴史

RNA 干渉は，1998 年のアメリカのファイアーとメローによって，センチュウを用いた研究で発見され，その功績により 2006 年に 2 人はノーベル生理学・医学賞を受賞しました。

しかし，RNA 干渉によって起こる現象は 1990 年にすでに観察されていました。アメリカのジョーゲンセンらは，ペチュニアの花の紫色をさらに濃くしようと，紫色の色素をつくる遺伝子を導入する実験を行ったのですが，紫色は濃くならず，反対に色素がつくられない白い部分のあるまだら模様の花ができた。この現象は後に RNA 干渉によるものであることが明らかになりました。

RNA 干渉の利用

RNA 干渉を利用すると，特定の mRNA の翻訳を阻害するような短い RNA を人工的に導入することで，特定の遺伝子の機能を阻害することができます。このことから，遺伝子の発現を抑制することで治療効果が見込まれるような病気に対する治療法や予防法への応用が期待されています。

その他のノンコーディング RNA

siRNA もノンコーディング RNA の 1 つ

21-25bp の 2 本鎖 RNA です。元々は長鎖の RNA ですが，細胞質内の Dicer（RNase）によって短鎖となります。microRNA と同様，RNA 誘導サイレンシング複合体（RNA induced silencing complexes；RISC）に取り込まれて機能します。最終的には，RISC 内でヘリカーゼによって 1 本鎖 RNA となります。

siRNA は，mRNA の転写産物の相補配列と全体が結合し，mRNA を分解させるよう誘導することで，タンパク質の遺伝子発現を抑制します。

microRNA と siRNA の機能的違い

microRNA は，mRNA の配列と 6-8 ヌクレオチドが相補的であれば結合できます。一方，siRNA は，mRNA の配列が完全に相補的でなければ結合しません。

どちらも mRNA に結合し，タンパク質の発現を抑制する機能は同じですが，上記の結合の違いから，microRNA は 1 種類で複数の mRNA の転写を阻害し，siRNA はターゲット特異的に mRNA の転写を阻害します。

eye on biology

ノンコーディング RNA は実は非常に重要です。最初出会う RNA が mRNA なので，RNA はタンパク質を作るために遺伝子の情報を書き写したものをいうイメージが強いのではないでしょうか。

しかし RNA は mRNA のような DNA の情報をかき写しただけのものだけではありません。

遺伝子の発現をコントロールするという大きな役割も持っています。

2020 年代のゲノム編集

最近では，guide RNA と CRISPR-Cas9 を用いたゲノム編集技術が広く使われるようになり，ノーベル賞級の発見として大きな話題となっています。**CRISPR-Cas9** システムは，ゲノム中で任意の領域を切断できる遺伝子改変ツールです。

切断したい標的塩基配列に相補的な配列を含む guide RNA（crRNA：tracrRNA）と DNA 切断酵素 Cas9 タンパク質により，ゲノム上の任意の配列を切断します。

このように，近年になって新たな機能をもった RNA が次々と発見され，RNA 研究が生物学・生命科学のフロントラインの一部を形成しています。

SECTION 6

ゲノムの分析

Genome Analysis

1　ゲノム（Genome）

ウイルスは生物か非生物？

かつて，ウイルスは生命か否かに関する論争がありました。ウイルスは生命の二大特徴（自己複製と物質交代）のうちで**自己複製だけを行い，物質交代はウイルスが感染する宿主の助けをもっぱら借りています**。

自己複製を重視して，ウイルスは生命だとする考え方と，不完全な物質交代しかできないから生命と言えないという考え方が対立したこともありました。ウイルスは生命と非生命の間にあるという折衷案もありました。

しかし現在ではそういう議論はあまりされなくなったようです。生命現象をウイルスとその他，というふうに切り離しにくい，という認識が一般的になったからかもしれません。

人間を含む動物には「個体」という明確な単位がありますが，ウイルス粒子を個体のようにみなしてはいけない，ということなのでしょう。ウイルスは，遺伝子の特殊なカプセルだと捉えたらよいと思われます。

ゲノム

ゲノムの歴史的な考え

かつて「ゲノム」とは生命体の生活に必須な最小の遺伝子セットであるというように，機能面から定義されていましたが，現在では単に生命体の持つ遺伝子セットの全体を指す，構造面から定義されているようです。なお「ゲノム」はドイツ語風の発音ですが，これはこの概念が誕生した1930年代には，ドイツが世界の生物学をリードしていたなごりです。

ゲノム概念が誕生した時代には，DNAが遺伝子の本体であることがまだわかっていませんでした。ではどのようなものを調べていたかというと，染色体です。長大なDNAから成り立っている染色体は，解像度の高い電子顕微鏡を用いなくても光学顕微鏡で見ることができます。染色体の種類や数を調べることによって，ゲノム構造の違いをおおまかに分析することができます。

DNA，遺伝子，染色体，ゲノムのまとめ

「DNA★1」とは，デオキシリボ核酸という物質です。これが数千，数万個集まったものが1つの遺伝的機能を持ち「遺伝子」となります。DNAとヒストンタンパク質の複合体は「染色体」と呼ばれ，細胞中の核に存在します。細胞が分裂をするとき，

biological words

★1DNA
DNAとは，遺伝情報をもつ化学物質。糖とリン酸と塩基から構成される。

糸のようなものが規則正しく折りたたまれた棒状になります。

「ゲノム[★2]」とはすべての遺伝子[★3]と染色体とを合わせて作られた用語です。ヒトの遺伝子情報をすべて盛り込んだもので，ヒトになるための設計図です。この言葉は遺伝子（gene）と染色体（chromosome）から作られた言葉で「genome」です。ヒトの細胞にはゲノムと呼ばれる染色体DNAとそのほかにミトコンドリアDNAというものが存在します。

ミトコンドリアDNAは16,569塩基対の環状DNAで，細胞内のミトコンドリアの中に多く存在しています。ヒトでは30億の塩基対があります。

biological words

★2 ゲノム
ゲノムは，ヒトのような生物の場合，配偶子が持つ1セットの染色体に含まれるすべてのDNAの塩基配列の情報。

★3 遺伝子
遺伝子は，ゲノムを構成するDNAのうち，タンパク質合成に関係する情報を持つ領域。

DNA	デオキシリボ核酸。ヌクレオチドが多数結合した構造。 二重らせん構造をしている。化学物質。
遺伝子 （gene）	遺伝形質（タンパク質）を規定する単位。 DNAの一部にあたる。 1000～200万塩基対で構成される。
染色体 （chromosome）	DNAとヒストンタンパク質の複合体。 DNAは構造を安定化させるためにタンパク質と結合している。 細胞分裂時，顕微鏡で観察できる。
ゲノム （genome）	遺伝子と染色体からなり，その種がもつDNAの総体。 ヒトの場合は，1～22番染色体の1本ずつ，X染色体，Y染色体に含まれるすべてのDNA。 近似的には配偶子に含まれるすべてのDNA。

2　ヒトゲノム（Human Genome）

解読速度と解析機器の開発について

■ヒトゲノム計画（Human Genome Project）

最初に，「The Genome Project-Write」がシャレを利かせたタイトルです（right という同音異義語で「権利」というのとかけています。また，この計画を実行することは「正しい」right という意味でもあります）。ヒトゲノム計画とは，ヒト細胞の核内にある DNA の全塩基配列を解読することを目的として，アメリカ政府が 1990 年から 15 年間で 30 億ドルの予算を組んで発足した研究計画でした。完成すれば凄い偉業ですが，やることは単純で長大な全 DNA の塩基配列を決めれば良いわけですから人海戦術でいけそうでした。当然，世界各国がこの偉業に参加するべく支援を申し入れあっという間に国際研究プロジェクトとなりました。

2000 年 6 月にドラフトゲノム（全体の約 90%が解読された状態）が公表され，2003 年 4 月に完成版が公開されました（その後，現在までマイナーアップデートは続いています）。こうして決められたヒトの全ゲノムですが「解読（“READ”）」ですので，次は “WRITE” という訳です。

当初 15 年の予定が 13 年で解析された訳ですが，その解析過程は苦労の連続でした。当時の塩基配列を決定する方法（サンガーシークエンス法）では，一度に解読できる DNA 長は 500〜700 塩基程度でした。したがって，大規模な塩基配列決定が可能な機器の開発も必要でした。一度に 16 個〜32 個の検体を同時に解析でき，塩基配列を決めたいサンプルをセットさえしておけば，無人で昼夜を問わず連続運転する機械の登場により，解読速度は飛躍的に上がりました。

それでもまだ問題がありました。元々長大な DNA の一部を切り分けて 500 〜 700（後には 1000 近くまで読めるようになりました）塩基ずつ解読するわけですから，前後のつながりを分かるようにしなければなりません。最終的にヒトの場合だと 22 本の常染色体と X と Y 染色体の計 24 本の染色体に相当する 24 本の長い DNA 配列として繋げなければなりませんので，適当にバラバラにしたものを読んでは前後関係が分からなくなってしまいます。そこで人工染色体など大きな DNA 断片を保持できるシステムや，それよりも小さい DNA を保持できるコスミド，フォスミド，プラスミドなどを利用して，段階的に DNA を断片化して，前後の繋がりを判定できる状態にして塩基配列を決めました。

こうしてヒトゲノムが明らかになった頃，他の実験モデル動物，植物でも次々と全ゲノム解読が進んでいました。そして，ゲノム科学業界は，ゲノムを明らかにした後の，次なる一手を模索し始めました。それがポスト（“後”という意味）ゲノムと呼ばれる時代の幕開けでした。ゲノム計画によりほぼ全ての遺伝子が解析されたことから，次なる目標は，全ての遺伝子が，どんな細胞・組織で，いつどのように機能しているかを明らかにしましょうというものでした。実際には，健常人の組織，培養細胞，がん等の患者さんから樹立された異常を伴った細胞など，様々な細胞サンプルにおいて，23,000 個程度と推定された遺伝子の何が，どれくらい発現しているか？ を解析するというものでした。

これは後にエンサイクロペディア計画として，2014 年まで推進されました。その成果は，世界的に有名な一流科学雑誌を含む 30 報にも及ぶ論文としてまとめられています。もう 1 つが，1000 人ゲノム計画というものです。ヒトゲノム計画の国際チームでは，個人情報保護のため男女 20 人から DNA を採取し，その中からランダムに選ばれた男女 2 名分のサンプルを用いて塩基配列を決定しました。実際には一方のサンプルを主として用いたため，実質的には男女各 1 人のゲノムを解読したことになります。当時から，ヒトの間でも多くの塩基配列に多型が生じていること，さらにそれらが個性や特定の病気の罹患率に影響することも明らかになっていたため，2008 年より 1000 人分のゲノムを解読し，様々な個性に関わる塩基の多型を網羅的に明らかにしようという計画が始まりました。いずれの場合でも，ヒトゲノム計画と同じように，大規模な塩基配列のさらなる解読を前提とした研究でした。そこで現れたのが「次世代」と呼ばれる塩基配列解析装置でした。

■次世代シークエンサー（Next-Generation Sequencer (NGS)）

こうして，1 つの大きな成果が，次なる壮大な研究プロジェクトへ繋がる大きなうねりの中，次世代シークエンサーは世のゲノム研究者の羨望と期待を一身に集めて登場しました。「次世代」という言葉は，サンガー法（上述）の塩基配列決定法からみて次の世代という意味ですが，次世代シークエンサーも登場から 10 年以上が経過し，様々な方法論の次世代シークエンサーが複数現れました。現在は次世代の中でも第二，第三世代と呼ばれる機械が主役となっています。次世代シークエンサーは，その配列決定の方法論がサンガー法とは全く異なっています。その最大の特徴は，短い DNA 鎖の塩基配列を，同時並行で超大量に解析できるというものです。その処理能力は絶大で，最新機器で 1 回シークエンス解析を行って得られるDNAの総塩基数は驚愕の1Tb（テラ塩基＝1000Gb）です。先ほどのヒトゲノム計画にて13年間で解読した配列数は，43Gb（ギガ塩基＝1000Mb＝10億b）でした。当時から十数年しか経っていませんが，現在ではランダムに切断された数千万～数億のDNA断片の塩基配列を同時並行的に決定することができます。

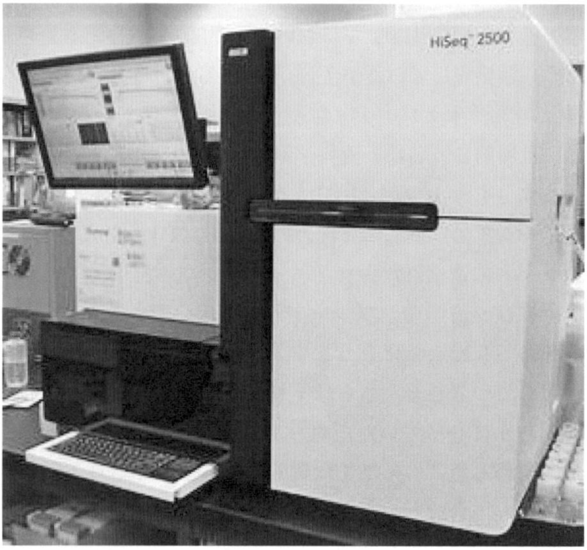

次世代シークエンサー

3　DNA の配列

ヒトゲノムとは

ゲノムと遺伝子（genome and gene）

DNA の塩基配列の解読が進むにつれて，DNA の塩基配列はタンパク質のアミノ酸配列を指定するだけのものではないということが明らかになりました。つまり遺伝子は，必要なときに必要な量が発現するという調節を受けています。このような遺伝子発現の時期や発現量を調節する領域もまた，DNA 配列上に存在しています。

解読された塩基配列の中には，遺伝情報をもたない偽遺伝子や，反復配列のように単純な繰り返しが延々と繰り返される配列も見つかりました。したがって現在では，DNA の塩基配列と遺伝子という言葉は同値ではありません。

ゲノムとはすべての DNA 配列をさし，ゲノム上において，タンパク質を作り出すために必要な情報が書かれている配列や，生命活動に重要な情報が書かれている DNA 配列を遺伝子と定義することができます。図で示すと次のようになります。

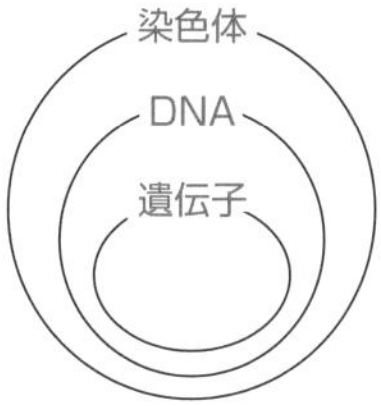

ヒトゲノム（human genome）とは

ヒトゲノムを構成する DNA の配列は約 30 億塩基対です。ここでいうゲノムとは，22 本の常染色体に X，Y の両性染色体，さらにミトコンドリア DNA を加えたものを指しています。ヒトの遺伝子の数は 22,000～23,000 程度と言われています。

1 遺伝子あたり，平均して 450 個のアミノ酸を指定する塩基配列が使われています。ヒトゲノムのうち，タンパク質の情報が書かれている領域は 1.3%としかなく，残りの 98.7%はタンパク質をコードしない領域となっています。

なお，人間のゲノムとはせずヒトゲノムを用いたのは，「人間」という語には生物としての実体のほかに，文化，思想，社会，歴史など，いろいろな活動にかかわるニュアンスが切り離し難く結び付いています。つまり，文化的背景が人間という用語には内在するので，そこで生物として研究するという意味で「ヒト」と呼ぶ習慣ができているためとされています。

ヒトゲノムの解析（analysis of human genome）

大きなゲノムの解析は，ゲノムの地図作りとそれに基づく配列解析の二段階で行われています。21 世紀初頭の技術では，一度に配列の解読ができるのは数百文字分程度の断片です。そこで，DNA を小さく切断し，それらの断片の解読結果から配列全体を再構成することになりますが，これは，非常に難しいことでした。そのため，まず最初にできるだけ多くのユニークなフレーズを染色体の中に見つければ解析が非常に楽になると考えられ，計画されました。この研究段階を「ゲノムの地図作り」と呼んでいます。ゲノムを地形図に見立てた言葉です。

検出するには DNA のハイブリダイゼーションという現象を使うことができます。ハイブリダイセーションというのは，DNA 分子はそれに相補的な（A–T，G–C という対応関係のある）DNA 分子と結合することを指します。そこで，1 つユニークなフレーズに対応する DNA の断片を用意しておき，それがハイブリダイゼーションを示すかどうか調べれば，そのフレーズがあるかどうかを検出することができるというものです。

最近は STS と呼ばれる DNA 中のユニークなフレーズが 1 万個以上見つけられており，十分細かい DNA の地図を提供しています。地図ができると，今度は DNA を小さな断片に切断して配列を解析していくことになります。しかし，ヒトゲノムはあまりにも大きいので，何段階かに切断し，それぞれの断片を増幅して解析しています。100 万文字くらいの大きな DNA 断片に使われるベクターとしては YAC（酵母人工染色体）が用いられます。また，より小さな断片ではコスミド，プラスミドなどのベクターが用いられます。最後に数 100 文字くらいの小さな DNA 断片になって始めて，完全な DNA の文字配列が解読されます。これらの解析には，ゲル電気泳動や PCR などの技術が多用されていますが，大量配列解析のための装置は，今では大方が自動化されています。

このようにして構造解析で地図と**シークエンス（文字配列）**が得られると，次にそこに書かれた生物学的な意味を解明する機能解析の段階に進みます。モデル生物を用いたり，遺伝子の破壊実験を行ったりして，病気，発生，分化免疫応答と遺伝子の関連を明らかにするような研究が盛んに行われています。

4　ゲノムについて

ゲノムの構造

■ゲノムサイズが違う理由

両生類や植物のユリのゲノムサイズは大きく，昆虫やトラフグではゲノムサイズが小さい――これはイントロンや遺伝子間のジャンクDNAの長さが原因です。一例としてミジンコの方がヒトよりゲノムサイズは小さいが遺伝子数は多かったりします。また原核生物は真核生物よりゲノムに占めるコーディング領域の割合が高い傾向があり，遺伝子がゲノムにコンパクトに収まっています。それからゲノムサイズが大きくなると大量の情報を保存できますが，複製に使うエネルギーが増え生存に不利に働くため，一定のゲノムの大きさで自然選択圧が掛かります。

■ヒトゲノムの大半を占める反復配列

反復配列（repetitive sequence）とは，生物ゲノムのDNA配列で，同じ配列が反復して（特に数回以上）見られるものの総称です。真核生物，特に進化した動植物に多く見られます。一部を除いて機能はよくわかっていないため，従来は無駄な「ジャンクDNA」あるいは「利己的遺伝子」の例とされてきまし

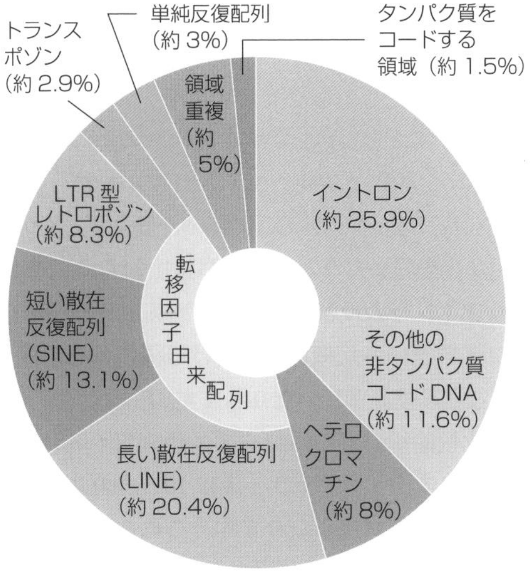

図1　ヒトゲノムの構造

たが，現在ではこれは人間がその存在意義や意味を理解できないだけのことと考えるように見方が少し変化してきています。

まず，タンパク質をコードする領域がヒトゲノムの1.5%というごくわずかであることに注目してください。イントロンは約26%を占めるので，遺伝子に関連する領域は30%に満たないのです。多くは反復配列が占めることがわかります。

図の中にある転移因子とは，ゲノム上を移動できるDNA塩基配列をいいます。これには，トランスポゾンとレトロトランスポゾンがあります。

反復配列には頻度が異なる3種類がある

真核生物にみられる頻度による反復配列は3種類があります。高度反復配列と呼ばれるもので，5～300ヌクレオチドの配列をもったサテライトDNAなどがこれに相当します。中度反復配列は，rRNAやtRNAなどはこれに属します。そしてユニーク配列と呼ばれるものがあります。この中には遺伝子ファミリーといって，配列の似た仲間を持っています。

縦列型反復配列と散在型反復配列

反復配列には，同じ領域に反復配列が繰り返し並んだ縦列型反復配列と呼ばれる配列とゲノムのあちこちに散在して存在する散在型反復配列と呼ばれる配列があります。

縦列型反復配列は，サテライトDNAとも呼ばれ，他の部分のDNAと密度が異なることから発見されたものになります。サテライトDNAの例として有名なものに，「セントロメア」と染色体中央の反復配列からなる構造体があります。

サテライトDNAの1種にミニサテライトがあります。ミニサテライトDNAの例として有名なものには，TTAGGGの配列が繰り返した「テロメア」と呼ばれる染色体末端の反復配列からなる構造体があります。

これらサテライトDNAの役割は，まだまだ未知な部分が多いのですが，セントロメアやテロメアといった染色体における構造体を形成することで，染色体の複製や安定化などに役立っていたりします。

配列ユニットの比較的短いものは特にミニサテライトおよびマイクロサテライトとして区別されます。ミニサテライトは10～100塩基対程度からなり，マイクロサテライトは数塩基対からなります。これらは，個体による反復回数の違いが多いのでDNA型鑑定によく利用されます。

もう1つの散在型反復配列はゲノムの中を動き回る遺伝子「トランスポゾン」

や「レトロトランスポゾン」に由来すると考えられています。

転移因子

トランスポゾン

ヒトのDNAをAluという制限酵素を用いて切断し，電気泳動すると，一定のバンドが検出されます。これは反復配列の中にAlu切断部位があるため同じ配列の断片が多数出てきます。

Aluによる切断された配列は300塩基くらいの長さですが，遺伝子の中にも，遺伝子外の配列にもその配列が存在します。全部で40万～50万コピーくらいある高度反復配列です。

この配列は霊長類に特有の配列で，ヒトのDNA検出にも用いることがあります。しかし，面白いことにこの配列は霊長類にはあるがマウスには見られない配列なのです。これはマウスと霊長類が共通の祖先から分岐した後増えたと考えることができます。なぜそんなことが可能になったのでしょうか？

Alu配列は，トランスポゾンではないかと考えられているのです。トランスポゾン（transposon）は細胞内においてゲノム上の位置を転移（transposition）することのできる塩基配列です。動く遺伝子，転移因子（transposable element）とも呼ばれるものです。トランスポゾンは，DNAから切り出されたり別の場所に挿入されたりできる遺伝子です。

DNA断片が直接転移するDNA型と，転写と逆転写の過程を経るRNA型があります。トランスポゾンという語は狭義には前者のみを指し，後者は**レトロトランスポゾン（retrotransposon）**またはレトロポゾンと呼ばれます。

トランスポゾンの早すぎる発見

転移因子の存在は，1950年にバーバラ・マクリントック（Barbara McClintock）によって提唱されました。マクリントックは斑入りのトウモロコシの染色体を調べることで，斑の形成に関わる遺伝子座が染色体の異なる位置に移動することを発見し，この現象をトランスポジションと名付けました。しかし，遺伝子が染色体内を移動するといった概念は当時の常識をはるかに越えており，マクリントックの学説はほとんど受け入れられることはありませんでした。

その後1960年代後半から70年代前半にかけて，バクテリアや酵母で「動く遺伝子」が発見されるようになり，それらはトランスポゾンと名付けられました。

またマクリントックが発見したトウモロコシの実にみられる斑の形成に関わる遺伝子座もDNA トランスポゾンの一種であることが明らかにされました。こうしてマクリントックが提唱した学説は認められるようになり，彼女は1983年には単独女性として初めてノーベル生理学・医学賞を受賞しました。

5　さまざまな性質を持つ遺伝子

始まりはたった1つの遺伝子コピーミス

■遺伝子ファミリー（gene family）

タンパク質をコードする遺伝子では，さまざまな遺伝子のコピーをもちます。たとえば，半数体ゲノムにつき1コピーの遺伝子以外はマルチコピーで多様な突然変異を受けていき，非常に多くの遺伝子グループ（遺伝子ファミリー）ができあがります。

たった1つの遺伝子の複製によって形成された，幾つかの類似遺伝子の組み合わせで一般的に同じ族の遺伝子は類似の生化学的機能を有します。ヒトヘモグロビンサブユニットは，異なる染色体に2つの族（α-グロビン遺伝子座とβ-グロビン遺伝子座）と10個の遺伝子にコードされています。これら2つの遺伝子族は5億年前に1つの遺伝子が複製され続けた結果，生じたと考えられています。

つまり，先祖は1つの遺伝子でそれが遺伝子重複により増加し，それが少しずつ変化していったと考えることができます。

■偽遺伝子（pseudogenes）

偽遺伝子とは，DNAの配列のうち，かつては遺伝子産物（特にタンパク質）をコードしていたと思われるが，現在はその機能を失っているものをいいます。

既存の遺伝子とほとんど同じ塩基配列にもかかわらず，イントロンがなくエキソンだけをつないだ構造になっているものがあります。中には3′側にアデニンが多数結合していたりします。これは，mRNAを鋳型にしてDNAに逆転写され，それがDNAに組み込まれたものとしか思えないものが存在します。この塩基配列にはプロモーター部分がなくRNAポリメラーゼが結合できず転写されません。

また，知られている遺伝子と非常に似ているけれど，遺伝子として機能しないものもあります。このようなDNA領域を偽遺伝子と呼びます。

■高度反復配列（repetitive sequence）

反復配列には，同じ領域に反復配列が繰り返し並んだ**縦列型反復配列（tandemly repetitive sequence）**と呼ばれる配列とゲノムのあちこちに散在して存在する**散在型反復配列（interspersed element）**と呼ばれる配列があることはすでに述べておきました。

この散在反復配列は2種類あり，長さによって違います。1つは**「LINE」**正式名はlong interspersed elementといい，6～8kbの長さのものです。

もう1つは**「SINE」**short interspersed slsmentといい，100～300bpの長さのものです。

縦列型反復配列は，サテライトDNAとも呼ばれ，他の部分のDNAと密度が異なることから発見されたものになります。サテライトDNAの例として有名なものに,「セントロメア」と染色体中央の反復配列からなる構造体があります。

サテライトDNAの1種にミニサテライトがあります。ミニサテライトDNAの例として有名なものには，TTAGGGの配列が繰り返した「テロメア」と呼ばれる染色体末端の反復配列からなる構造体があります。

これらサテライトDNAの役割は，まだまだ未知な部分が多いのですが，セントロメアやテロメアといった染色体における構造体を形成することで，染色体の複製や安定化などに役立っていたりします。

もう1つの散在型反復配列はゲノムの中を動き回る遺伝子「トランスポゾン(転移因子)」や「レトロポゾン」に由来すると考えられています。

POINT

ヒトのゲノム全体の半分以上は繰り返し配列で占められています。

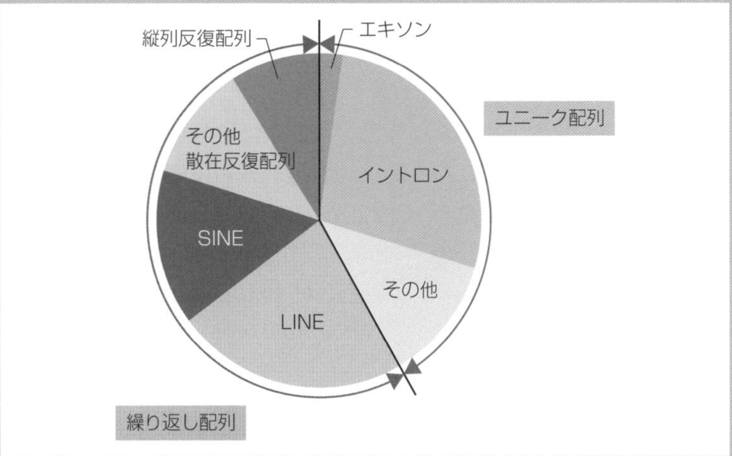

図 1

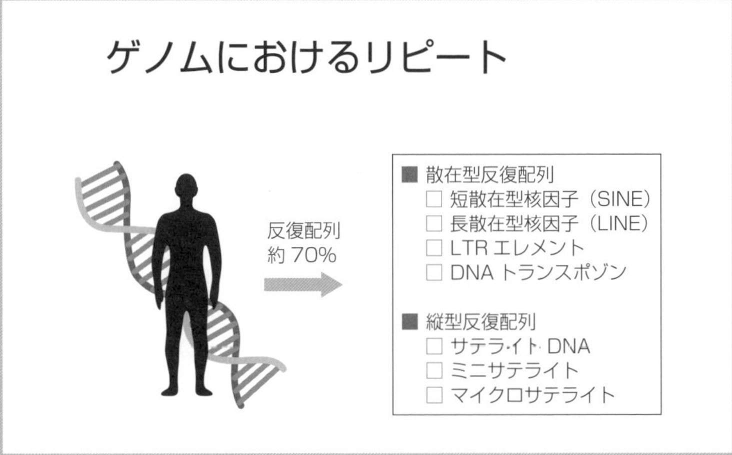

図 2

6　iPS 細胞の研究

iPS 細胞の作成について

■ iPS 細胞

2 章で少し iPS 細胞について触れておきましたが，ここではその研究の業績をめぐる過酷な研究史について述べておきます。

ES 細胞と iPS 細胞の作製の仕方についてまずは述べておきましょう。ES 細胞は受精卵が分裂して胎児になるまでの初期段階の中の細胞（内部細胞塊）を取り出して培養してつくります。一方，iPS 細胞は最初は皮膚などの細胞に 4 つの因子（山中因子と呼ばれるもの）を導入して作成しました。

つまり ES 細胞は将来胎児になる細胞を取り出して作成するのに対して，iPS 細胞は体細胞からつくるものです。

■マウスから ES 細胞を作成

ES 細胞をはじめとする多能性幹細胞の研究が起きて，1981 年にマーティン・エバンスとマシュー・カウフマンらのグループがマウスで ES 細胞を作成できることを発表しました。

1998 年には，ジェームズ・トムソンらの研究グループがヒト ES 細胞の作製に成功しました。これにより，ヒトの多能性幹細胞を人工的に維持し，培養する技術が確立していきました。さらにマウスの ES 細胞で働いている遺伝子がデータベースが公開されたことで，ES 細胞の特徴を決める遺伝子の探索ができるようになったのです。

また，遺伝子を導入することで細胞の運命を変化させるということもわかってきました。ある遺伝子が脂肪や骨のもとになる細胞などの筋肉以外の細胞を筋肉の組織へと変化させることもわかりました。

これらの研究の積み重ねにより，少数の遺伝子を働かせることにより，ES 細胞のような多能性に富む幹細胞が人工的につくれることがわかったのですから，ここに iPS 細胞を考える素地ができたのでした。

■マウスの iPS 細胞をつくる

奈良先端科学技術大学院大学で研究を始めた山中教授たちは，まず ES 細胞に特徴的な遺伝子を調べ，京都大学に移る 2004 年頃には 24 個にまで絞り込みました。これら 24 個の遺伝子から，さらに体細胞を初期化する因子を持ったものを 1 年かけて探し，最終的に 4 個が残ります。その 4 個の遺伝子を，マウスの皮膚細胞に取り込ませたところ，みごと初期化に成功しました。山中たちはこの成果を2006年8月に論文で発表，開発した細胞を“Induced Pluripotent Stem Cells”と名づけ，その略称をiPS細胞としました。

山中教授のグループはマウスの皮膚に4つの遺伝子（Oct3/4，Sox2，Klf4，c-Myc）を導入して，2006年8月にマウスのiPS細胞作製の報告を論文で発表しました。当時は，体細胞からクローン技術をつかってES細胞を作成したという論文が出され，それが虚偽の不正な論文であることがわかったばかりという社会情勢でしたので，iPS細胞にも当然厳しい目が向けられました。

この実験結果は，再現性が求められますから，自身の研究室で再現実験をかなり厳しく行ったようです。そして間違いなくそれがiPS細胞であることを自身が確認しました。

その論文名は，Induction of Pluripotent Stem Cells from Mouse Embryonic And Adult Fibroblast Cultures by Defined Factors（Takahashi K, Yamanaka S：Cell 2006；126：663-676）

ここでは，その論文のSUMMARYのはじめの部分を引用します。また，論文全体の大意を紹介します。

SUMMARY

Successful reprogramming of differentiated human somatic cells into a pluripotent state would allow creation of patient-and disease-specific stem cells.

We previously reported generation of induced pluripotent stem (iPS) cells capable of germline transmission, from mouse somatic cells by transduction of four defined transcription factors. Here we demonstrate the generation of iPS cells from adult human dermal fibroblasts with the same four factors：Oct3/4, Sox2, klf4, and c-Myc.（以下，続く。）

（大意）

ヒトの分化した体細胞から多能性の状態へのリプログラミングに成功したなら，患者および疾患に特異的な幹細胞を作成することが可能になるだろう。

我々は以前，4つの特定の転写因子の形質導入によってマウスの体細胞から，生殖細胞に分化して子孫をつくる人工多能性幹細胞を（iPS）細胞の作製を報告した。この論文で，同じ 4 つの因子つまり，Oct3/4，Sox2，Klf4，そして c-Myc を使用してヒトの成人の皮膚の繊維芽細胞から iPS 細胞を作成した。

ヒト iPS 細胞は，形態，増殖，表面抗原，遺伝子発現，多能性で細胞に特異的な遺伝子，DNA 以外の分子機構やテロメラーゼ活性において ES 細胞と似ていた。さらにこれらの細胞は生体外と奇形腫において，3 胚葉の細胞に分化することができた。これらの知見は，ヒトの成人の繊維芽細胞から iPS 細胞を作成することができることを示している。

ヒト iPS 細胞作成までの熾烈な競争

ヒト iPS 細胞をつくる

マウスの iPS 細胞でも非常に驚くべき結果で驚愕に値するのですが，哺乳類のマウスまできたならば，当然ヒトの iPS 細胞を作成することに関心は向けられました。

これはヒトの医療に応用するためのものです。山中教授は医療への応用を当初から考えていたので，当然と言えば当然のことでした。世界中の研究者がヒトの体細胞から iPS 細胞がつくられるかどうか争って研究に取り組みました。

山中教授らはマウス iPS 細胞の論文発表と前後してヒト iPS 細胞の開発にも着手，2007 年夏には，データがそろい，論文発表の準備を進めていた。しかし出張先のアメリカで，ほかの研究室もヒト iPS 細胞樹立に成功したとの噂を聞きつけたのです。そのため，帰りの飛行機のなかで論文を一気に書き上げると，すぐに『Cell』に投稿しました。

アメリカのジェームズ・トムソンの研究グループが 11 月に，さらにアメリカのジョージ・デイリーの研究グループが 12 月にそれぞれ独自にヒト iPS 細胞の作製成功を論文で発表しました。

特に熾烈を極めたのがトムソンとの研究競争でした。山中教授は『Cell』にトムソンは『Science』に同日に掲載されました。

2007 年 11 月 20 日の正午（日本時間では 21 日午前 2 時），アメリカの科学雑誌『Cell』オンライン速報版に，京都大学の山中伸弥教授らの研究グループが論文を掲載，ヒトの皮膚細胞から iPS 細胞（人工多能性幹細胞）の作製に成功したことを発表しました。

トムソンたちのグループの論文は，11 月 22 日の『Science』誌のオンライン版に掲載予定でしたが，2 日早まり，けっきょく山中教授たちの論文と同日に発表されました。

この背景には，もともと『Cell』よりも2日遅れて発行される『Science』が2日前倒しにして発行されるというものでした。研究成果は1日でも早いほうが学会から認められるということが根底にあったことは間違いありません。

iPS細胞の作製方法は複数通りある

山中教授のグループはマウスのiPS細胞を作成するときに用いたものと同じ4つの遺伝子（Oct3/4，Sox2，Klf4，c-Myc）をヒトの皮膚の細胞の中に導入してiPS細胞を作成しました。トムソンのグループは山中教授とはことなる4つの遺伝子（Oct3/4, Sox2, Nanog, Lin28）を使い，デイリーのグループは6種類（Oct3/4, Sox2，Klf4，c-Myc，hTERT，SV40largeT）の遺伝子を用いていました。これにより，iPS細胞の作製方法は何通りもあることがわかりました。

iPS細胞はがん化する？

iPS細胞が誕生したときに初期化因子として加えた4つの因子のうちc-MYCというものががん関連遺伝子として知られていました。C-MYCはiPS細胞樹立の効率を高めるものでしたが，がん化のリスクも増加させていたのです。この因子を他の因子に変えることでiPS細胞を効率的につくれないかと山中教授は考え，L-MYCというものを用いるとc-MYCよりも効率的に作成できるようになり，かつがん化を起こさないことも確認しています。

エピソーム

エピソーム（episome）とは

エピソームは，染色体外の遺伝物質であり，しばらくは独立したDNAとして存在し，別の時点では生物のゲノムDNAに統合された形で存在します。エピソームは非必須の遺伝的要素と見なされます。主にウイルスまたは別の細菌の宿主外で発生します。それらは宿主生物に入り，染色体外DNAとして存在し，後にゲノムDNAと統合して複製することができます。

エピソーム（episome）とプラスミド（plasmid）の違い

エピソームとプラスミドは，細菌の染色体外DNAとして機能します。プラスミドは，抗生物質耐性などの特殊な特性を持つ自己複製する小さな環状DNA分子で，組換えDNA技術のベクターとして使用されます。なお，細菌の染色体に組み込むことはできません。エピソームは，細菌の染色体外DNAのもう1つのタイプです。エピソームは，比較的短い環状DNAが独立した染色体として安定的に維持されるもので，それらは細菌の染色体に統合し，複製中に娘細胞に移動することができます。

■エピソーマルプラスミド（episomal plasmid）を用いる

プラスミドとエピソームの主な違いは，プラスミドがゲノムに組み込まれないのに対し，エピソームはゲノムに組み込まれることです。

iPS細胞は当初，レトロウイルスベクターを作成時に用いていました。レトロウイルスベクターは，本来そのウイルスがもつゲノムから有害な毒素などをつくる部分を除去して，ヒトの細胞に導入したい遺伝子を組み込んで作成していました。レトロウイルスベクターを使って初期化因子を導入すると，ベクター内の遺伝子が細胞の染色体に組み込まれて初期化が起こってしまいます。

組み込まれる部位によっては多くの弊害が生じることが予想されます。たとえば，細胞増殖を抑制する部位に組み込まれると増殖はかぎりなく起こります。また，がん化を抑制する遺伝子部位に組み込まれるとがん抑制遺伝子としての機能を失ってしまい，がん化促進につながることも考えられます。このレトロウイルスベクターは染色体のどの部分に組み込まれるかを制御できないのです。この危険性を回避するために，現在ではエピソーマルプラスミドをベクターとして用いています。

エピソーマルプラスミドは染色体に組み込まれることがないので，ヒトの遺伝子に損傷を与えることがないのです。

SECTION 7

DNAのクローニングと

DNA Cloning

塩基配列の決定

Determination of Base Sequence

1 クローニング（cloning）

遺伝子クローニング（gene cloning）

クローニング（cloning）とは

同じ遺伝子型をもつ生物の集団（クローン）を作製することから転じて，分子生物学的文脈においては，ある特定の遺伝子を増やす，つまり遺伝子を単離して多数増幅させることをクローニングといいます。単一の遺伝子について多数のコピーを作成することを**遺伝子クローニング**といいます。

なぜクローニングする必要があるのだろうか？

特定の遺伝子を研究する分子生物学者が直面するのは膨大なDNA分子であり，1つのDNA分子の中には数百個～数千個の遺伝子が含まれています。タンパク質をコードする遺伝子は染色体DNAのごく一部を占めているに過ぎません。残りは，膨大な非翻訳配列です。

ヒトのゲノムを考えてみたらわかるように，アミノ酸をコードするのはゲノムの1.5%に過ぎないのです。さらに厄介なものは遺伝子と周辺のDNA領域の区別が微妙であり，塩基配列でしか判断するしかないのです。特定の遺伝子について直接研究するために，境界のはっきりした単一のDNA断片のコピーを多量につくりだすDNAクローニング（DNA cloning）と呼ばれる技術が必要だったのです。

大腸菌（Escherichia coli [E. coli]）とプラスミド（plasmid）

DNA断片を実験室内でクローニングする方法には，細菌を用いる方法が一般的です。ほとんどの場合大腸菌が利用されます。大腸菌の染色体は巨大な環状DNA分子ですが，内部には独立して複製する**プラスミド**が存在します。プラスミドは小さな環状DNA分子でできています。このプラスミドに他の生物に由来するDNAを挿入します。こうして作成されたプラスミドは組換えDNA分子（recombinant DNA molecule）となります。

プラスミドは細菌のゲノムとは別に存在する増殖能を持った2本鎖環状DNAで2～200kbのサイズを持ち1細胞中に多数存在します。独自の複製起点を持ち自律的に複製します。

制限酵素（restriction enzyme）とは

制限酵素は2本鎖DNAの特定の塩基配列を認識してDNAを切断する酵素で**エンドヌクレアーゼ（endonuclease）**★の1種です。制限酵素は目的の遺伝子を切り出すのに用いられます。

制限酵素という一見すると変な名称ですが，この名称の由来は外来の DNA の侵入を制限するというはたらきに由来しています。細菌にウイルスやプラスミドなどの DNA が侵入すると，細菌は自らが持っている制限酵素によって侵入したウイルスやプラスミドの DNA を切断して，細菌自体の DNA に影響を及ぼされないようにしています。

biological words

***エンドヌクレアーゼ（endonuclease）**
DNA や RNA の鎖の内部のリン酸ジエステル結合を切るのがエンドヌクレアーゼで，鎖の末端から順にリン酸ジエステル結合を切り，モノヌクレオチドを生ずるのがエキソヌクレアーゼである。「エンド」は英語では「endo，…の内側」であり，「end，末端」ではないことに注意。

2　遺伝子導入細胞

遺伝子導入細胞の選別

■ブルーホワイトセレクション（blue-white screen）

目的の遺伝子が細胞内に組み込まれたかどうかを知る方法の1つにブルーホワイトセレクションがあります。

プラスミドは目的のDNA断片を組み込んで利用しますが，その操作でプラスミドにDNA断片が組み込まれる確率や，大腸菌にプラスミドが導入される確率は非常に低いものです。これはプラスミドを制限酵素で切断して，目的の遺伝子を組み込もうとしてもうまく行われず，再び何も取り込まず閉鎖してしまうことが多いからです。また，大腸菌にプラスミド自体が取り込まれる確率も低いので，実験では本当に目的のプラスミドが取り込まれたかを確認する必要があります。

次ページの図1のように，プラスミドXには，抗生物質アンピシリンを分解する酵素を発現するA^r遺伝子，ある作用をもったタンパク質Bを発現する*B*遺伝子，X-galという基質を分解して青色の物質を生じさせる酵素を発現する*lacZ*遺伝子が存在しています。Pで示した部分は，大腸菌における常時発現型プロモーターを表しています。プラスミドXには，（ i ）～（iv）で示す部位にDNA断片を組み込むことができます。組み込み操作の際に，DNA断片が組み込まれた場合にのみ，その部分の遺伝子による形質の変化が認められなくなります。なお，（iii）の位置には遺伝子は存在しません。

整理すると，（ i ）～（iv）の位置は制限酵素で切断できて，そこに新たな遺伝子を導入できる。また，（ i ）の位置にはアンピシリン耐性遺伝子A^rが，（ii）の位置には遺伝子*B*が，（iv）には*lacZ*遺伝子があります。（iii）の位置には遺伝子がありません。

新たに遺伝子が（ i ）に入ると，アンピシリンを含む培地では生育できなくなります。（ii）には本来遺伝子*B*（まだ働きがわからない遺伝子）があってここに別の遺伝子が組み込まれると*B*遺伝子は破壊されてしまう。（iv）に新たな遺伝子が入ると*lacZ*遺伝子が破壊されます。

***lacZ*遺伝子が発現しX-galが分解すると，青い色素ができるため，青いコロニーができます。しかし，目的の遺伝子が*lacZ*遺伝子内に組み込まれると*lacZ*遺伝子が破壊されるため，色素ができず白いコロニーとなります。**

上記のことを頭にとめて次の問題を考えてみましょう。

問題　形質発現の変化を利用して，目的の組換えプラスミドを選別するため，プラスミドXを用いて，〔実験〕を行った。

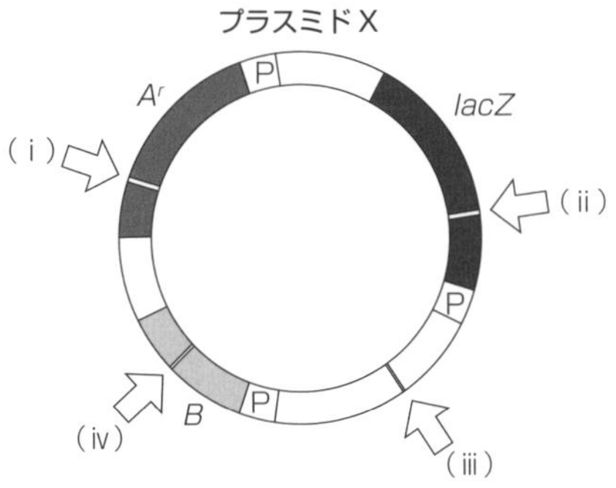

図1

〔実験〕　図1に示すプラスミドXの（iv）の部分に，あるDNA断片を組み込む操作をした後，大腸菌に導入する処理をして，抗生物質アンピシリンを含む寒天培地で一晩培養した。その結果，培地には少数の大腸菌コロニーが出現した。すべてのコロニーの大腸菌からプラスミドを単離して調べると，どれも（iv）の位置にDNA断片が組み込まれており，DNA断片が組み込まれていないプラスミドをもつ大腸菌は存在しなかった。このようにして（iv）の位置にDNA断片を組み込んだプラスミドを選別し，これを新たにプラスミドYとした。

問1　〔実験〕の結果から，*B*遺伝子が発現するタンパク質の性質として，最も適切と考えられるものを，次の（イ）～（ニ）から1つ選び，記号で答えよ。

（イ）　抗生物質を菌体外へ排出する輸送タンパク質
（ロ）　大腸菌の増殖を抑制するタンパク質
（ハ）　プロモーター活性を上昇させるタンパク質
（ニ）　LacZタンパク質の酵素活性を阻害するタンパク質

問2　〔実験〕で単離したプラスミドYを，再び別の大腸菌に導入する処理をして，①～⑧の条件で培養すると，表1に示す結果となった。表中の条件⑥の結果⑥に該当するのはどれか。次の（イ)～(ホ）から最も適切なものを1つ選び，記号で答えよ（なお，表中の「＋」と「－」の表記は，それぞれ「有り」と「無し」を意味する)。

表 1

条件	プラスミド Y	X-gal	抗生物質 A	培養結果
①	＋	－	＋	白いコロニーのみが少数存在する。
②	＋	＋	＋	青いコロニーのみが少数存在する。
③	－	－	＋	コロニーが存在しない。
④	－	＋	＋	コロニーが存在しない。
⑤	＋	－	－	白いコロニーのみが多数存在する。
⑥	＋	＋	－	結果⑥
⑦	－	－	－	白いコロニーのみが多数存在する。
⑧	－	＋	－	白いコロニーのみが多数存在する。

(イ) 白いコロニーのみが，多数存在します。
(ロ) 青いコロニーのみが，多数存在します。
(ハ) 白いコロニーが多数存在する中に，青いコロニーが少数存在します。
(ニ) 青いコロニーが多数存在する中に，白いコロニーが少数存在します。
(ホ) コロニーが存在しません。

問3 プラスミドYに対して，さらに組換え操作を行い，プラスミドZを作製，単離した。これを大腸菌に導入し，さまざまな条件で培養すると表2に示す結果となった。プラスミドYに対して行われた組換え操作はどれか。次の（イ)～(ニ）から最も適切なものを1つ選び，記号で答えよ（なお，表中の「＋」と「－」の表記は，それぞれ「有り」と「無し」を意味する)。

表 2

条件	プラスミド Z	X-gal	抗生物質 A	培養結果
①	＋	－	－	白いコロニーのみが多数存在する。
②	＋	－	＋	コロニーが存在しない。
③	＋	＋	－	白いコロニーが多数存在する中に，青いコロニーが少数存在する。
④	＋	＋	＋	コロニーが存在しない。

（イ）（ｉ）の位置にDNA断片を挿入しました。
（ロ）（ii）の位置にDNA断片を挿入しました。
（ハ）（iii）の位置にDNA断片を挿入しました。
（ニ）（ｉ）と（ii）の両方の位置にDNA断片を挿入しました。

解答　問1　（ロ）　　問2　（ハ）　　問3　（イ）

DNA切断ツール（DNA scission tool）

制限酵素の種類（types of restriction enzymes）

制限酵素は特定の塩基配列4～8塩基のところで切断するため，たいへん便利なDNA切断ツールです。生じる末端の形状には2種類あります。1つは新しく生じた末端の5′側が突出した**5′突出末端**，3側が突出した**3′突出末端**，もう1つは切断面が突出することのない平らな**平滑末端**です。

突出末端は同じ制限酵素で切ったものであれば水素結合による会合によってくっつきやすくなります。一方で平滑末端は水素結合による会合が得られずくっつきづらい代わりに，異なる制限酵素によって切断した断片同士をつなげることができます。

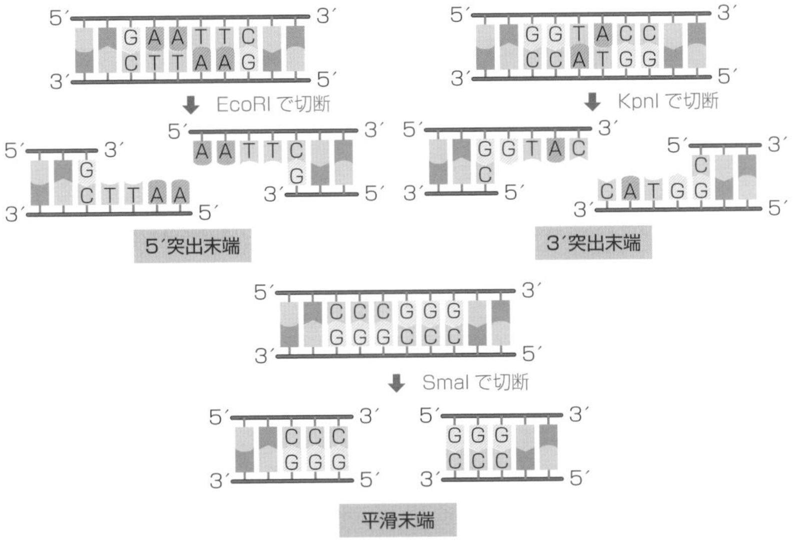

3 ゲノムライブラリーとクローニング

目的の遺伝子を増殖させるために

■ゲノムライブラリー（genomic library）

全ゲノムDNAなどを制限酵素で切断し，生じたDNA断片をベクターに組み込んで，大腸菌などに導入したものはゲノムライブラリーと呼ばれます。クローニングはその中から目的の遺伝子が導入されたものを選択して増殖させ，目的の遺伝子を増幅させることによって行われます。

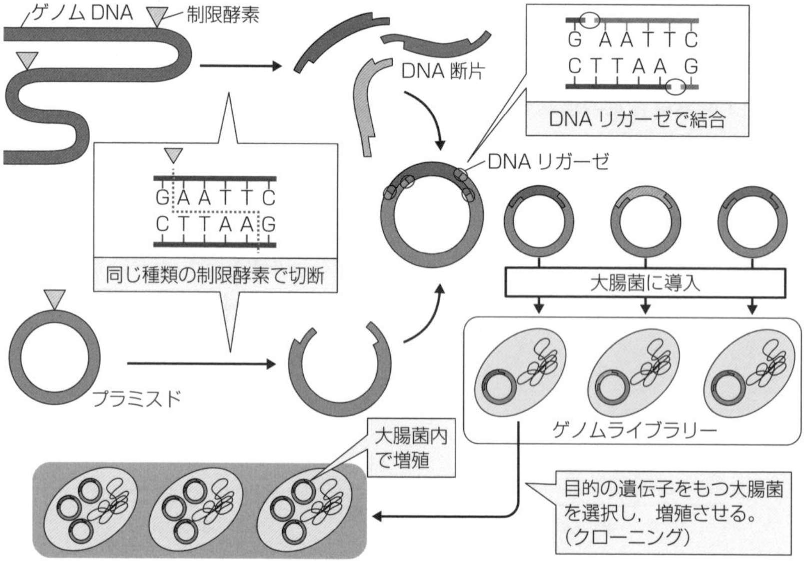

図1　ゲノムライブラリーとクローニング

生物のDNAには数千の異なる遺伝子が含まれています。研究者は，目的のタンパク質をコードする特定の遺伝子を見つけようとしますが，DNAから特定の遺伝子を見つけることができる技術はありません。そのため，研究者は遺伝子ライブラリを作成して，生物のDNAをカタログ化し，ライブラリーから目的の遺伝子を選択するのです。

■遺伝的多型（genetic polymorphism）

遺伝的多型とは同じ生物種の集団のうちに遺伝子型の異なる個体が存在することを言います。多型検出のために用いるDNA配列はDNAマーカーと言われ，

サテライトDNA（サテライトDNAとは，非常に単純な遺伝子コードの配列が何度も反復して存在する部位（反復配列）のこと）もその1つです。解析法には，制限酵素断片の長さの違いで多型を検出する**RFLP**，1本鎖DNAの高次構造の違いを検出する**SSCP**，さらには最もよく出現する1塩基の違いによって多型を検出する一塩基多型などがあります。

SNP（single nucleotide polymorphism）とは

ある生物種集団のゲノム塩基配列中に一塩基が変異した多様性が見られ，その変異が集団内で1%以上の頻度で見られる時，これを一《いち》塩《えん》基《き》多《た》型《けい》と呼びます。ヒトでは1000塩基対に1個の割合で存在しています。SNPは親から子へ受け継がれるのでこれを利用して親子鑑定なども行うことが可能です。

遺伝情報を担うDNAの塩基配列（A/T/G/Cの4種類の塩基による並び）は，人と人とでは99.9%が同じ配列ですが，0.1%において配列に差異が存在しています。この差異により，私たち一人一人の姿形や能力といったものに違いが生じてきます。

そしてある集団において，その塩基配列の違いが1%の頻度で出現しているとき，その塩基配列の違いを多型と呼びます。もし1%以下である場合は，変異や稀なバリエーションと呼ばれます。

4　遺伝子操作

大きさを決める遺伝子の発見

■イヌの大きさを決定する遺伝子 (a gene that determines the size of a dog)

2007年に，米国国立衛生研究所（NIH）所属の国立ヒトゲノム研究所（NHGRI）の研究者らが率いる国際研究チームが，イヌの小型化の主な要因になる遺伝子変異（SNP）を特定したとScience誌に報告しました。

元々，骨格サイズに非常に大きなバラツキが認められるポルトガル・ウォータードックという犬種463頭のゲノムを比較し，骨格の大小と強い相関を示す遺伝的領域を解析したところ，いくつかの候補が見つけられたそうです。そこで彼らは小型犬14品種（チワワ，トイ・フォックス・テリア，ポメラニアン等）と，大型犬9品種（アイリッシュ・ウルフハウンド，セントバーナード，グレートデーン等）の計526頭のゲノムDNAも比較して，大きさと強い相関が認められる候補領域を絞り込みました。

その結果，「インスリン様成長因子1（*insulin-like growth factor 1；IGF-1*）」というタンパク質ホルモンをコードしている遺伝子内にある20箇所のSNPの1つが最も強い相関を示すことを突き止めました。最終的には143犬種3千匹以上のDNA解析を行い，「小型犬の殆どがこの*IGF-1*遺伝子のこのSNPが共通して「A」であったため，この遺伝子変異がイヌの体格差に大きな影響を与えている」と結論されました。

この*IGF-1*遺伝子の変異については，マウスでも同様の現象が確認されていることからも間違いないと考えられています。

■DNAリガーゼ (DNA ligase) のはたらき

遺伝子の切り出しに使ったものと同じ制限酵素で別のDNAを切断すれば，その切り口の塩基配列は，遺伝子の切り口と相補的になります。したがって，それらのDNAを混ぜると，互いに接着します。

しかし，これだけでは，2つのDNAは一部分の塩基配列の相補性でつながっているだけなので，互いに離れやすいです。そこで，DNAリガーゼという酵素を使って，デオキシリボースからなるDNAの骨格そのものをつなぎあわせます。この過程を経て，別の生物の遺伝子を含んだ組換えDNAをつくることができるようになります。

ポリメラーゼ連鎖反応法

PCR法（Polymerase Chain Reaction）

目的の遺伝子などと同じ塩基配列をもつDNA断片を得る操作をクローニングといいます。クローニングとして広く用いられている方法にポリメラーゼ連鎖反応法（PCR法）と呼ばれる技術があります。

DNAの2本鎖は過熱すると1本鎖に分かれるので，どちらも複製の鋳型になります。鋳型DNAの他に，プライマー，DNAポリメラーゼ，A，T，C，Gの塩基を持つ4種類のヌクレオチドがあれば，試験管内でも複製が行われます。以下の手順で行います。

（ステップ1）約95℃に加熱します。これにより，2本鎖DNAが1本鎖に。
（ステップ2）約60℃に冷やし，プライマーを結合させます。
（ステップ3）約72℃に加熱します。DNAポリメラーゼによりDNA鎖が伸長します。

ステップ1～ステップ3を1サイクルとして繰り返すことにより，DNA断片を増幅します。これによって，20サイクルで100万倍を超えるようになります。したがって，わずかなDNAとプライマーさえ用意できれば，その遺伝子を短時間で増やすことができます。そのためPCR法は，基礎実験だけでなく，親子鑑定などの広い用途に使われています。

PCRの効用（benefits of PCR）

塩基配列がすでにわかっているDNAのある部分をPCRで増やしてどんな得があるのだろうか？ それを考えるために1つの例を考えてみましょう。血液のヘモグロビンタンパク質をコードする遺伝子の塩基配列がわかっているという前提で考えていきます。

地中海貧血という遺伝病の患者のグロビン遺伝子をクローン化して塩基配列を調べると健常なヒトと違いがあることがわかっているとします。そこである個人のグロビン遺伝子に異常があるかを知りたいときにPCRが効力を発揮します。

すでにわかっているグロビン遺伝子の情報からプライマーを作成し，その個人のDNAをごく少量用いてPCRを行えば，2日程度ですべてが判明します。

もしPCRが利用できないとそのヒトのDNAからグロビン遺伝子をクローン

化せねばならず，1か月以上という非常に長い時間を要することになります。

新型コロナウイルスの検査（test of COVID-19）

2020年から2022年は，新型コロナウイルスによる感染症（COVID-19★）が世界規模で問題になっています。600万人を超えるヒトが亡くなっています（2022年7月の時点で）。

人類が初めて発見したウイルスはタバコモザイクウイルス（TMV）でした。TMVはタバコの葉にモザイク状の斑点（タバコモザイク病）を生じさせるウイルスです。

新型コロナウイルスとタバコモザイクウイルスはともに1本鎖RNAウイルスでRNAを遺伝情報として有しています。これらのウイルスゲノムRNAは，宿主細胞内翻訳され，ウイルスタンパク質がつくられます。

COVID-19のPCR法による検査は報道で取り上げられていますが，正確には単なるPCR法ではなく，**RT-PCR法**によってCOVID-19の検査が行われています。

RT-PCR法とは，逆転写酵素を用いた反応を行った後にPCRを行う検査です。COVID-19がRNAを遺伝情報として持っていて，逆転写を行わないと増幅できないため，RT-PCR法を行います。

biological words

★新型コロナウイルス（COVID-19）
英語圏では，「新型コロナウイルス感染症」を指す言葉として，COVID-19という言葉が広く使われている。WHOによって正式に定められたcoronavirus disease-2019の省略形の言葉。「新型コロナウイルス」を指す場合は，単にcoronavirusという表現が使われることが多い。コロナウイルスといえば，2019年に発見されたコロナウイルスを指すことが多いため，「新型」は省略されているが，他のコロナウイルスと区別したい場合は，「新型の」という意味の“novel”を前に置いて，novel coronavirusという言い方もある。

5 遺伝情報を読む

電気泳動法について

電気泳動（electrophoresis method）の目的としくみ

電気泳動とは，電圧を加えることによりプラス（+）やマイナス（−）に帯電している物質を移動させることです。電気泳動法は，溶液中のDNAのリン酸部分が負に帯電していることを利用しています。

DNAの塩基配列を読む作業では，PCR法で増殖させたDNAの長さや量を調べる必要が生じます。このような目的には，電気泳動という方法が用いられます。

水溶液中では，DNAはリン酸基が負に荷電しており，電圧をかけるとDNAはプラス電極へ向かうのです。この性質を利用して，アガロース（寒天の成分）などのゲルの中で分けることができます。これが電気泳動です。

ゲルは細かな網目の構造をしていて，大きな分子ほど通りにくく移動距離が短くなります。この性質を利用してDNAをゲルの中で分けます（下図）。

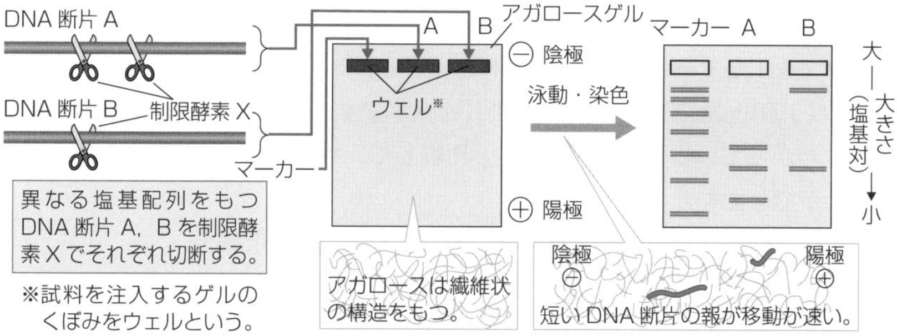

図1　一般的な電気泳動法

電気泳動をするための緩衝液（バッファー）★を満たした装置の+電極とマイナス（−）電極の間にゲルを置き，ゲルの端にある小さな溝（ウェル）DNAの試料を入れて電圧をかけると，DNAは徐々に移動し始めます。このとき，ゲルをDNAの染色液で染めると，DNAが短い線状のバンドとして観察できます。

> **biological words**
>
> **★緩衝液（バッファー）**
> 少量の酸性やアルカリ性の溶液を加えても，pHがほぼ一定に保たれる溶液をいう。

あらかじめ長さがわかっているマーカーDNAを一緒に電気泳動しておくと，その電気泳動の距離と比較して各試料のDNAの長さを推定することができます。

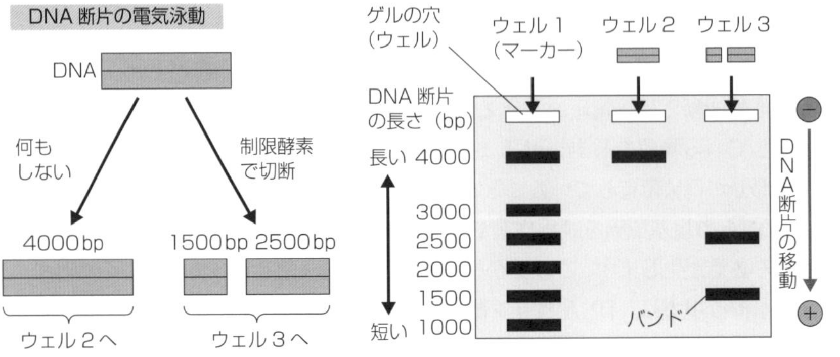

図2　DNA断片の電気泳動法

※ bp：base pair（塩基対）

図2のマーカーにはさまざまな長さのDNA断片が含まれます。これによって目的のDNA断片の長さの指標になります。

ウェル1がマーカー。ウェル2には4000bpのDNA断片を入れます。ウェル3には1500bpと2500bpのDNA断片を入れます。バンドの位置をあらかじめ長さのわかっているマーカーDNAと比較して，断片の長さ（塩基対）を調べることができます。

DNAの長さを調べるためのPCR法と電気泳動法

通常，「電気泳動を行なってDNAの長さを調べたのちにPCRでDNAを増幅させる」のですが，PCR後に「DNAの長さを測る電気泳動」を再びすることがあります。その意味を考えてみましょう。

PCRは理論的には，2本のプライマーの配列から，目的としたDNAだけが増加するはずですが，現実はそうは行かないことがあるのです。

つまりPCRを行ったDNAの中には，プライマーが間違って似た配列に結合して，本来増やしたいDNAではないものが増えることがあります。

増幅したいDNAのサイズはわかっているので，電気泳動法で大きさを確かめるのです。定量PCRではどれだけDNAがあるかを増幅の回数で調べますが，増幅したDNAが標的であることを定量PCRの前に必ず電気泳動を使ってサイズ確認することになります。

たとえば増幅したいのが2500bpのDNAであるにもかかわらず，400bpの

DNAが増幅することもあります。これを回避するために,「増幅したのが本当に目的の2500bpの長さのものか」を確認します。

DNA 塩基対の解析

塩基対の長さを読み取る（analyze base pair lengths）

電気泳動の結果をスケッチや写真などで記録します。泳動距離とDNA断片の大きさ（塩基対数）を片対数グラフにプロットすると直線になります。このグラフを検量線（標準曲線）と呼びます。あらかじめ，塩基対の長さがわかっているDNA断片をウェルに入れておき，泳動距離とDNA断片の大きさをプロットして作成します。その後で，長さがわからないDNA断片を泳動にかけて泳動距離を求め，断片の大きさを決定します。次の図で，泳動距離が23.5mmと測定されたならば，DNAのサイズは約4000bpと推定できることになります。

検量線（標準曲線）の例

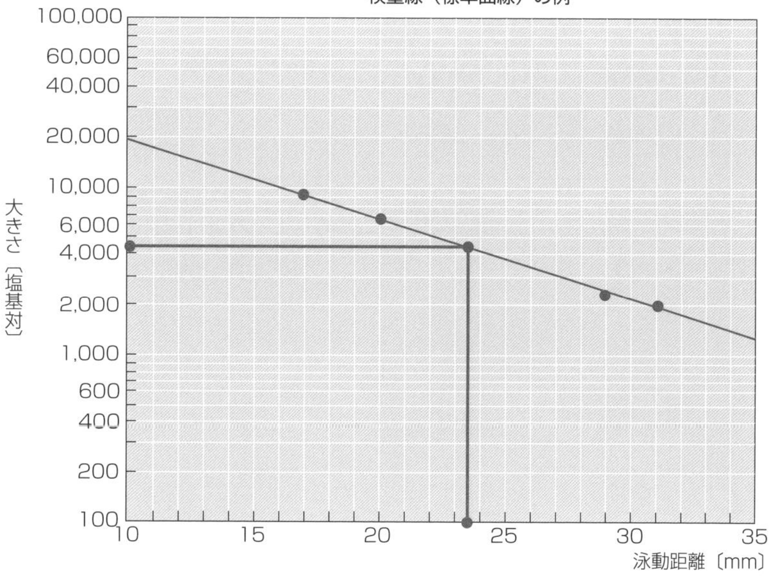

塩基配列の解析法（analysis of base sequences）

遺伝子DNAの研究を行う場合，DNAの塩基配列を知る必要があります。1970年代からその配列を読む方法がサンガーによって確立されました。ジデオキシヌクレオチドと呼ばれる特殊なヌクレオチドを用いた方法です。これはDNAを合成する際に通常のヌクレオチドの他に特殊なヌクレオチドを少量加えます。

このヌクレオチドは伸長中のDNA鎖に偶然取り込まれた時点でDNA合成を止めることができます。このため，条件を整えれば，ヌクレオチド1個から最長のDNA鎖まで，さまざまなDNA断片を合成させることができます。

それらのDNA鎖は電気泳動により長さにしたがって分けることができます。特殊なヌクレオチドは，A，T，C，Gの塩基をそれぞれ持つものが存在し，それらはあらかじめ異なる蛍光色素をつけておくことなどで区別できるようにしておきます。合成されたDNA断片の末端に結合した色素の種類を順にたどることにより，鋳型となったもとのDNAの塩基配列をしることができます。

ジデオキシヌクレオチドの構造（structure of dideoxynucleotide）

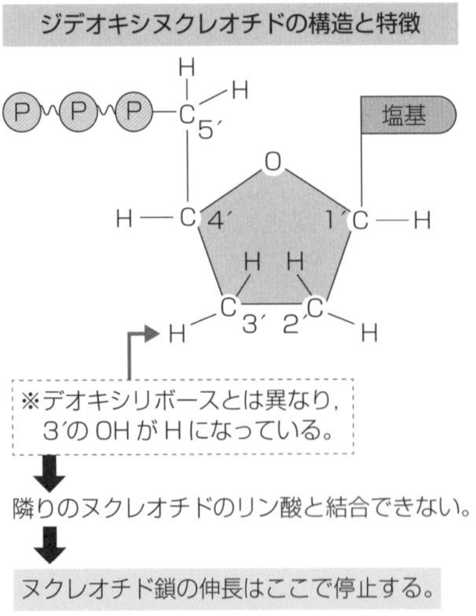

3′のCにOHが結合しているならば，隣のヌクレオチドのリン酸と結合できますが，OHからHになっていると隣のヌクレオチドのリン酸と結合できないので伸長が停止してしまいます。

DNA解析の手順（procedure of DNA analysis）

①解析するDNAに対して準備

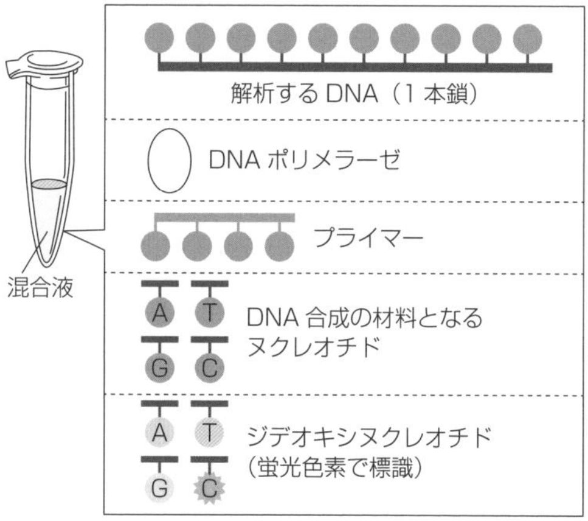

解析するDNA鎖（1本鎖），DNAポリメラーゼ，プライマー，4種類のヌクレオチド，蛍光色素で標識した4種類のジオキシヌクレオチドを加えます。

②さまざまな大きさのDNA断片ができる

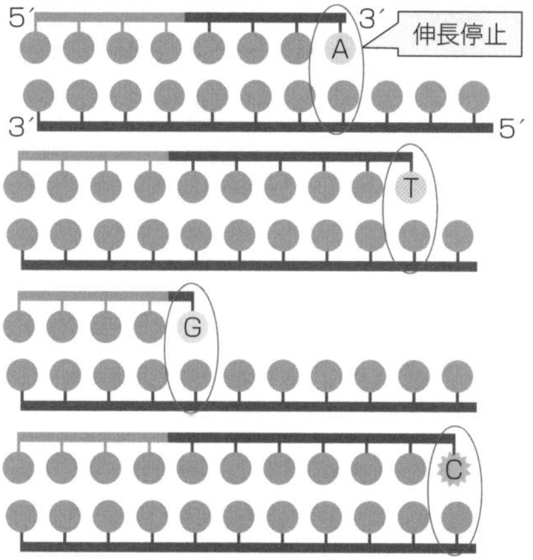

混合液を用いてDNAを合成します。この過程でジデオキシヌクレオチドが取り込まれると，そこで伸長を停止します。これによって，さまざまな場所で伸長が停止した長さの異なるDNA断片が得られます。

注意したいのは，プライマーはPCRと違い，1種類しか用いません。これらを反応させ，目的の1本鎖DNAを鋳型として相補的にDNAを合成します。反応の際に糖の構造が異なるジデオキシヌクレオチドを取り込んだところでDNAの合成は止まります。たとえば，Aをもつヌクレオチドを取り込む箇所はいろいろあるので，さまざまな長さのDNAが合成されます。T，G，Cについても同様に行われます。

③解読を行う

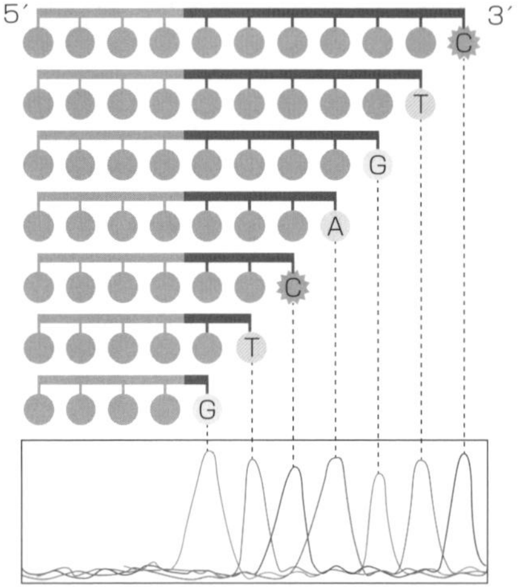

得られた，さまざまなDNA断片を電気泳動法で分離し，長さの順に並べます。4種類の蛍光色素を連続的に識別することによって，塩基配列を読み取ることができます。

復習課題

ヌクレオチドの構造を下の図に示した。「(ア) DNA」と「(イ) RNA」それと「(ウ) サンガー法に用いる特殊なヌクレオチド」を考えた場合，それぞれについて図の［ 1 ］と［ 2 ］に当てはまるものを以下の (a)～(e) の中から選び，記号で答えよ。ただし，同じ記号を何度用いてもよい。

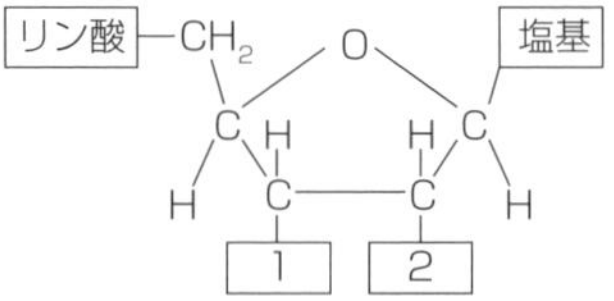

(a) COOH　(b) OH　(c) NH_2　(d) CH_3　(e) H

解答

(ア) DNA：1-b　2-e　(イ) RNA：1-b　2-b

(ウ) サンガー法で用いる特殊なヌクレオチド：1-e　2-e

6　ジデオキシ法について

ジデオキシ法の概念

ジデオキシ法（サンガー法）（chain termination method）

ジデオキシ法（サンガー法）について，もう少し具体的に述べてみましょう。

フレデリック・サンガー（1918〜2013）が開発した手法は，鋳型（塩基配列を解読したいDNA）と，DNAを複製する酵素であるDNAポリメラーゼと，鋳型と相補的に結合して複製の起点となる短い1本鎖DNAであるプライマー★を用います。複製はプライマーの3′末端から起こりますが，5′末端からは起こらないため，新しく合成されたDNAはいずれも5′末端にプライマーの配列を含む1本鎖DNAとなります。

複製を行う際，特定の塩基を含むヌクレオチドが使われた時に，一定の確率で複製が終了するようにしておくと，さまざまな長さのDNAが合成されますが，いずれも共通して5′末端がプライマー，3′末端がアデニン，という配列の1本鎖DNAとなります（図1）。

biological words

★プライマー
複製開始の開始点となるヌクレオチド鎖はプライマーとよばれ，生体内で合成されるプライマーは，RNAからなる。RNAのプライマーは後で，DNAのヌクレオチド鎖に置き換えられる。PCR法の場合はDNAからなるプライマーが合成される。

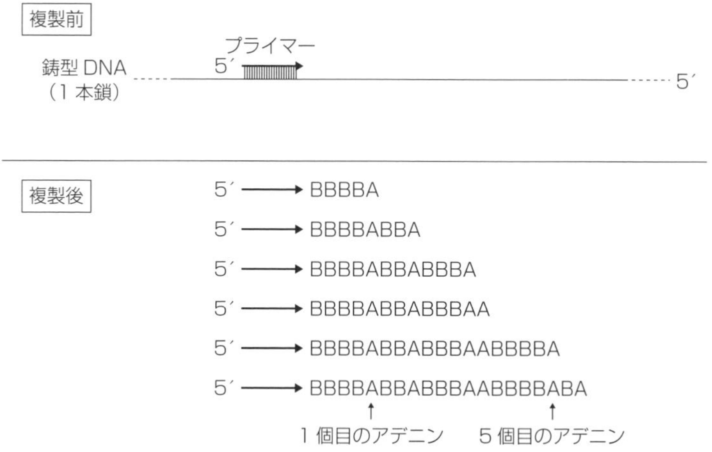

図1　ジデオキシ法の概念図

アデニンの位置で複製を終了させた例。複製前の鋳型とプライマーは1本ずつしか描いてないが，実際は多数存在する。AはアデニンBはA以外の塩基を示す。プライマーの配列は省略し，横矢印で示した。

これらのDNAの長さ（塩基数）を調べることで，プライマーの末端から何番目がアデニンかを知ることができます。これを4種類すべての塩基について行うことで，少なくとも理論上は，プライマーの3′末端以降の塩基配列を解読することができます。

あるDNAの塩基配列を解読するため，各塩基で複製を終了させた4種類のサンプルを用意し，それぞれに含まれるDNAの長さを，ゲル電気泳動により検出しました（図2）。この結果から解読できる塩基配列を，プライマーの3′末端の次の塩基から考えてみましょう。

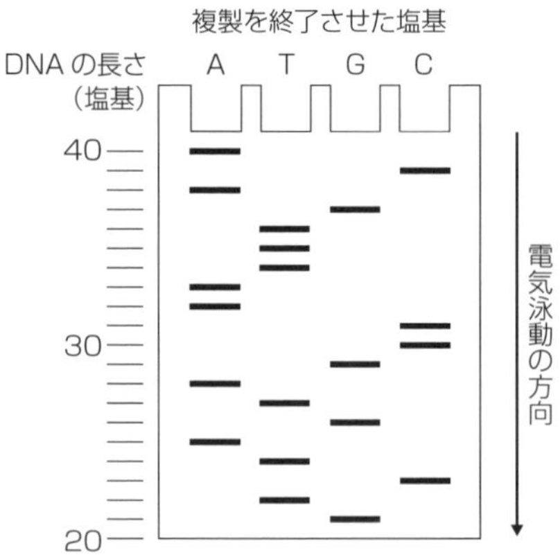

図2　ゲル電気泳動の結果（模式図）
ゲル電気泳動では，短いDNAほど速く，長いDNAほど遅く移動するため，溶液中のDNAを長さに応じて分離して検出することができる。太く短い横線（バンド）が，検出されたDNAを示す。用いたプライマーの長さは20塩基である。

電気泳動されている複製を終了した新生鎖のうち，最も長く複製されるものの塩基配列（プライマーの3′末端につながるもの）は，5′-GTCTAGTAGCCAATTTGACA-3′です。

この結果から判断できる鋳型鎖の塩基配列は5′-TGTCAAATTGGCTACTAGAC-3′であることがわかります。

このように，DNAの長さの順番に5′末端から塩基を並べ，それと相補的な配列をとれば，それが調査したい鋳型の塩基配列となります。この方法では一度に1サンプル当たり500〜1000塩基対ほどの配列を決定できるが，1台の塩基配列解読装置（シークエンサー）で一度に電気泳動できるサンプル数は100程度に限られる。

further study

加えるジデオキシリボヌクレオチド3リン酸が少量でいい理由

ジデオキシ法（サンガー法）では，ジデオキシリボヌクレオチド3リン酸を加えるのに，少量である理由が問われることがあります。多量ではなぜいけないのでしょうか？　それはもし多量に加えると，すぐに反応がストップしてしまって，長い鎖を伸長できず，シークエンスを読める長さが短くなるからです。

●フレデリック・サンガー

(Frederick Sanger，1918-2013)

サンガーは1958年にタンパク質，特にインスリンの構造に関する研究で1つめのノーベル化学賞を受賞しました。インスリンのA鎖とB鎖のアミノ酸配列を決定したことによります。

そして，1980年には，今日も使われているDNA塩基配列決定法（シークエンシング）の先駆的開発で他の2人とともに2度目の化学賞受賞を果たしました。つまりDNAの塩基がどのような順番で並んでいるのかを解明することに成功したのです。

これまでにノーベル賞を2度受賞したのは，同氏を含めてわずか4人。もしノーベル賞を3度とるとしたらサンガー以外にはいないと考えられていた人物です。2013年に惜しくも亡くなりました。95歳でした。

ジデオキシ法による読み取り方

■ジデオキシ法（サンガー法）によるDNAの塩基配列の求め方

ジデオキシ法により，さまざまな大きさのDNA断片が得られ，それを電気泳動を行うオートラジオグラフィーによって塩基配列を決定していき，読み取ります。

次の図のような電気泳動により，ジデオキシ法によって得られる塩基配列は5′側から，5′-CGCGAATTCTGG3′となります。これは求めるDNAの塩基配列ではなく1本鎖のDNAはこれと相補的な配列なので，3′-GCGCTTAAGACC-5′

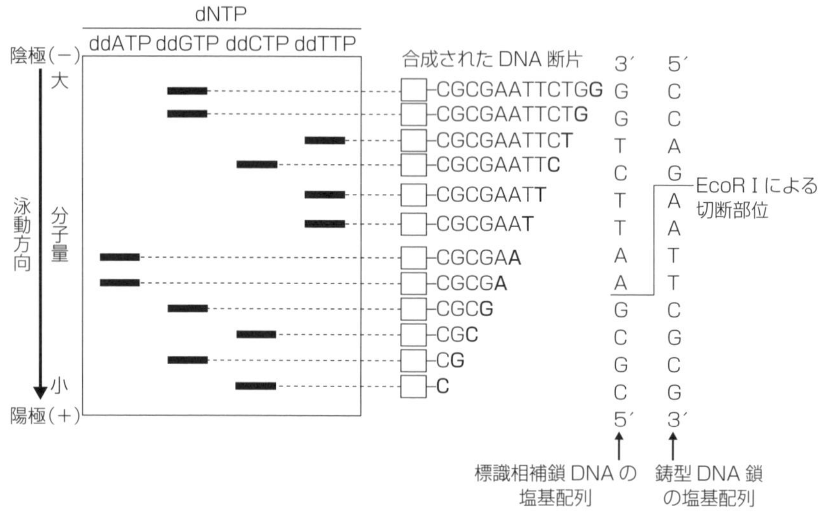

DNA断片のオートラジオグラフィー

となります。試験問題などでは1本鎖の配列を記入することが求められます。何もないときは，5′側を左側にして書いていけば正解になります。つまり，5′-CCAGAATTCGCG-3′となります。

少しだけコメントをしておくと，最初からdNTPという表記が現れます。

dNTPとはデオキシヌクレオチド三リン酸のことで，それにくっつく塩基はA，T，G，Cの4種類あるためdNTPも4種類（dATP，dTTP，dGTP，dCTP）あることになります。

ddATPとはdATPの3′部位のヒドロキシ基（-OH）がデオキシ（酸素が取れること）されて水素に置換された構造をもっています。 DNAの新規合成ではDNA鎖の3′末端のヒドロキシ基とdNTPの5′リン酸基がリン酸結合によってつながるのですが，ddATPがDNA鎖に取り込まれると，OHではなくHなのでリン酸基と結合することができません。このためその先に伸長することができなくなり，相補鎖の合成はddATPと結合した長さで停止します。

同様にして残りの3塩基についてもこの作業を行うことで，鋳型DNA中の異なる位置で合成が停止したDNA断片の全ての組み合わせを得ることができます。

こうして，dNTP（dATP，dGTP，dCTP，dTTP）以外に，DNA鎖の伸長を

停止させるddNTP（2′，3′-ジデオキシヌクレオチド；ddATP，ddGTP，ddCTP，ddTTPのいずれか）を少量加えておくと，ddNTPが取り込まれた時点でDNAの合成反応が停止することになります。

つまり，ddNTPが伸長中のDNA鎖に取り込まれると，伸長末端にあるヌクレオチドの3′末端が-OH基（ヒドロキシ基）ではなく-Hとなってしまうために，次の塩基が結合できず，DNA鎖の伸長が停止することになりますが，この鎖停止反応はランダムな位置で生じ，鎖長の異なるさまざまなDNA断片が得られることになります。そして，これらのDNA断片の3′末端は加えたddNTPによって決まっていますので，例えばddATPを加えた場合には，DNA断片の3′末端は，必ずA（アデノシン）であるということがわかります。

このような原理から，「ジデオキシ法」では，まず，4種類のdNTP（dATP，dGTP，dCTP，dTTP）と1種類のddNTP（ddATP，ddGTP，ddCTP，ddTTPのいずれか）の混合溶液を用意します。そして，この溶液を用いてDNA合成を行うと，それぞれのddNTPを取り込んだ時点で反応が停止し，鎖の長さの異なるさまざまなDNA断片が得られ，これをddATP，ddGTP，ddCTP，ddTTPの4種類ごとに行うことで，DNAの塩基配列を解読することができます。

では，定着力確認のため，演習問題をやってみましょう。

問題

次の文章を読み，問い（a)～(g）に答えなさい。

近年，大量の塩基配列を決定する技術が開発され，個人のゲノムDNAの全塩基配列を短時間に読み取ることが可能となりました。その結果，個々のヒトの間に存在する塩基配列のわずかな違いが次々と明らかになってきています。このような塩基配列の違いは［ ア ］とよばれ，［ ア ］の中で最も多く見られるのはSNPとよばれる，塩基配列が1塩基単位で異なるものです。

SNPはゲノムDNA上のさまざまな場所に存在しますが，遺伝子のコード領域や調節領域に存在する場合，タンパク質の機能や発現量に影響する可能性があるため，病気や個人差などに関わっているものも多数あると予想されています。

ヒトの常染色体上に存在する*Z*遺伝子座には1箇所のSNPによる対立遺伝子が2つ存在し，多く見られる対立遺伝子を*Z-1*とよび，もう1つの対立遺伝子を*Z-2*とよびます。したがって，ヒトは，*Z-1*／*Z-1*，*Z-2*／*Z-2*，*Z-1*／*Z-2*のいずれかの遺伝子型を持っています。

A君は，自分の両親の*Z*遺伝子座の遺伝子型を決定するため，両親のそれぞれのゲノムDNAを用いて以下のような実験を行いました。

〈実験〉

両親の口の粘膜の細胞から抽出したゲノムDNAを鋳型として，SNPが存在する場所を含む*Z*遺伝子座の500塩基対の領域をPCR法によって増幅した（増幅に用いたプライマーの位置を図1に示す）。そして，PCR産物の一部を(あ)ある制限酵素で処理した。この制限酵素は*Z-1*のPCR産物を切断せず，*Z-2*のPCR産物ではSNPの場所で切断することがわかっている。その後，制限酵素で処理したもの（＋）と処理していないもの（－）について，ゲル電気泳動によってDNAを分離したところ，図2のような結果が得られた。

図1

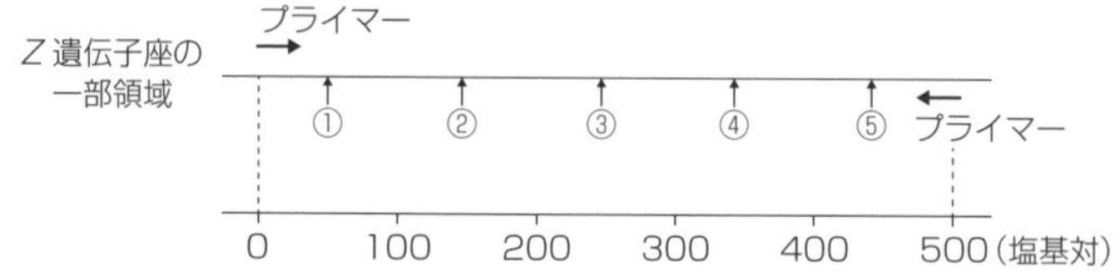

図2

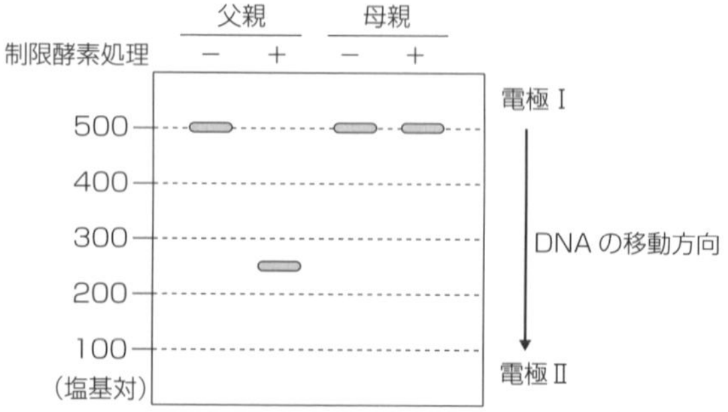

図3

塩基番号（上段）

	1	2	3	4	5	6	7	8	9	10	11	12	13	14	15	16	17	18	
5′–	C	C	C	A	G	G	T	T	C	C	T	G	A	A	G	C	T	T	–3′

Z-1 のセンス鎖の塩基配列（下段）

表1　コドン表

		第2番目の塩基								第3番目の塩基
		ウラシル（U）		シトシン（C）		アデニン（A）		グアニン（G）		
第1番目の塩基	U	UUU	フェニルアラニン	UCU	セリン	UAU	チロシン	UGU	システイン	U
		UUC		UCC		UAC		UGC		C
		UUA	ロイシン	UCA		UAA	終止	UGA	終止	A
		UUG		UCG		UAG		UGG	トリプトファン	G
	C	CUU	ロイシン	CCU	プロリン	CAU	ヒスチジン	CGU	アルギニン	U
		CUC		CCC		CAC		CGC		C
		CUA		CCA		CAA	グルタミン	CGA		A
		CUG		CCG		CAG		CGG		G
	A	AUU	イソロイシン	ACU	トレオニン	AAU	アスパラギン	AGU	セリン	U
		AUC		ACC		AAC		AGC		C
		AUA		ACA		AAA	リジン	AGA	アルギニン	A
		AUG	メチオニン	ACG		AAG		AGG		G
	G	GUU	バリン	GCU	アラニン	GAU	アスパラギン酸	GGU	グリシン	U
		GUC		GCC		GAC		GGC		C
		GUA		GCA		GAA	グルタミン酸	GGA		A
		GUG		GCG		GAG		GGG		G

(a)　文章中の［ア］に入る適切な語を答えなさい。

(b)　図2の電極Ⅱはプラス極とマイナス極のどちらか答えなさい。また，電圧をかけるとDNAが矢印の方向に移動する理由を答えなさい。

(c)　図3は，SNPの場所を含む*Z-1*のセンス鎖の塩基配列を示す。このSNPに関する以下の説明文について，表1のコドン表を参考にしながら，［イ］の部分には適切な数字，［ウ］と［エ］には塩基の名称をそれぞれ答えなさい。

説明文：*Z-2* には，図3の[イ]番の塩基配列が[ウ]から[エ]に変わるSNPが存在する。その結果，Zタンパク質の1アミノ酸残基がフェニルアラニンからイソロイシンに変わっている。

(d)　図3に示すSNPを含む部分の配列は，図1の *Z* 遺伝子座上のどこに存在すると考えられるか，最も適切なものを図1の①～⑤の中から1つ選び，番号で答えなさい。

(e)　下線部分（あ）に関して，今回の実験で使用した制限酵素として適切なものを以下の①～⑤の中から1つ選び，番号で答えなさい。なお，制限酵素名の横に記載した塩基配列は各制限酵素の認識配列を左から5´→3´方向に示している。

①　*Pst*I(CTGCAG)　②　*Sma*I(CCCGGG)　③　*Hin*dIII(AAGCTT)
④　*Acc*III(TCCGGA)　⑤　*Bam*HI（GGATCC)

(f)　A君自身の遺伝子型を決定するため同様の実験を行った場合，制限酵素処理したPCR産物のゲル電気泳動の結果はどのようなパターンとなるか，以下の父親の泳動結果の説明例（下線部分）を参考にして，句読点を含め50字以内で答えなさい。

制限酵素処理した父親のPCR産物の泳動結果：250塩基対のDNAバンドが1本のみ観察された。

(g)　図2の父親と同じ泳動結果を示す人が100人中9人いたとすると，A君と同じ泳動結果を示す人は100人中何人いると考えられるか答えなさい。ただし，この対立遺伝子を持つヒトの集団はハーディ・ワインベルグ平衡となる条件にあてはまるとする。

解答

(a)　遺伝的多型

(b)　プラス極，理由…DNA のヌクレオチドはリン酸が負に帯電しているため。

(c)　イ　7　　　ウ　チミン　　　エ　アデニン

(d)　③

(e)　⑤

(f)　250 塩基対の DNA バンドが 1 本，500 塩基対の DNA バンドが 1 本観察された。

(g)　42 人

SECTION 8

ゲノム編集

Genome Editing

分子生物学の応用

Application of Molecular Biology

1　DNA 研究の新時代

生物研究を生かす時代

発生・免疫など複雑な生命現象も DNA のはたらきとして解明されつつあります。今では，1つ1つの遺伝子ではなく，1つの細胞内にあるすべての DNA，つまりゲノムとして DNA をとらえるところまで研究が進んでいます。

ヒトゲノムの塩基配列（約 30 億）は 2003 年にすべて解読され，2万数千個の遺伝子があることがわかってきました。チンパンジーのゲノムとヒトのゲノムは 1.4%程度しか違わないこともわかり，その違いは何かという点に関心が向けられています。

ゲノムには生物の進化の歴史が書き込まれていて，さまざまな生物のゲノムを比較することにより，それぞれの生物の特徴を浮き彫りにできます。現在の生物はすべて 38 億年～ 40 億年ほど前の生命の起源以来の歴史を背負っていると思うと，1つ1つの生命の重みが実感できます。

DNA の検出法

サザンブロット法（サザンブロッティング法）

サザンブロット（Southern blotting）法とは，エドウィン・サザンが考案した，DNA を同定するための手法です。この手法により，異なる塩基配列を持つさまざまな二重らせんの DNA の混合溶液から，ある特定の塩基配列を持つ分子が存在するかどうかを確かめることが可能になりました。つまりサザンブロット法は特定の塩基配列を持つ DNA を検出する方法なのです。

例えば，サンプル中にある特定の DNA 断片があるかどうか調べたかったとします。ゲル電気泳動を使えば大きさはわかりますが，大きさだけではそれが本当に求めたい DNA であるかはわかりません。同じ大きさの違う DNA であるかもしれません。

そこでゲルの DNA を1本鎖に解離させ，メンブレン（ナイロン膜やニトロセルロース膜）に転写して，そのメンブレンを UV 照射することで，メンブレンに固定することができます。

そこに求めたい DNA に特異的な配列に相補的な1本鎖 DNA（これがプローブです）を反応させます。このプローブとメンブレンを緩衝液中で混和するとメンブレン上の1本鎖 DNA とプローブとの間で塩基対形成が起こります（ハイブリダイゼーション）。

プローブは特定の塩基配列にしか結合しないため，目的の DNA 断片のみが検出されます。

こうして，長さや配列などに基づいて特定したDNA断片が含まれるゲルを切り出せば，目的のDNA断片をゲルから抽出して精製することができます。

RNAの検出法

ノーザンブロット法（ノーザンブロッティング法）*

RNAについてもDNAのサザンブロットとほぼ同じ方法で調べることができます。ある組織や細胞から全RNAとして単離し，アガロースゲルで電気泳動し，メンブレンにトランスファーします。目的とする遺伝子DNA断片をプローブとして用いると，その遺伝子のmRNAとプローブとの間で塩基対を形成するので目的のmRNAを検出することができます。

biological words

***ノーザンブロット法**
Southernに対してnorthernとシャレで命名された。

なぜこの方法が得られたのかというと，研究対象である遺伝子の発現パターンや機能を調べる際，DNAからmRNAへの転写段階での挙動を調べなくてはならなかったからです。

サザンブロッティングが，設計図であるDNAの検出法であるのに対し，ノーザンブロッティングによるRNAの検出は，その遺伝子が実際に機能を発現する時の足跡を調べることになります。つまり，どの遺伝子が発現しているかはmRNAの種類を判断する必要があります。

生物が種によって，また発育段階によって多様な表現型を示すのは，DNAレベルの差異よりもmRNAへの転写レベル，タンパク質への翻訳レベルで多様な制御を行っているためだと考えられており，その点でRNAの挙動分析は極めて重要であると言えます。

一般的には，細胞から核酸（DNA+RNA）を抽出した後，サンプル中のRNAが分解しないよう，RNase（RNA分解酵素）を含まないDNase（DNA分解酵素）を用いてDNAのみを消化し，アガロース電気泳動などによって展開します。

このゲルを拡散もしくは吸引によってメンブレン（膜）に転写（ブロット）し，検出したいRNA配列に相補的な配列を持つプローブ核酸を結合（ハイブリダイズ）させることで標的RNAの量，サイズを検出します。標識は放射性同位体（RI）を用いた方法が一般的でしたが，最近はジゴキシゲニン（DIG）などの化学物質をプローブ核酸に結合させ，それに対する抗体を用いた非RI法が汎用されるようになっています。

タンパク質の検出法

■ウエスタンブロット法（ウエスタンブロッティング法）

タンパク質の検出法としては，Southern，northern，に対してウエスタンブロットと呼ばれます。組織や細胞の全タンパク質を単離し，SDS（ドデシル硫酸ナトリウム）-ポリアクリルアミド電気泳動で分離した後，タンパク質をメンブレンにしてトランスファーします。DNAやRNAの場合と異なり，ウエスタンブロットでは検出したタンパク質分子に対する抗体をプローブとして用います。ウエスタンブロットでは，プローブと目的のタンパク質との特異的結合は抗原－抗体反応です。

ウェスタンブロット法自体は，1970年代に開発された研究方法ですが，現在においても生化学分野や分子生物学分野をはじめとした実験系の研究室において最も頻繁に使用されているタンパク質の解析方法の1つです。この方法は，SDS-PAGEでタンパク質を分子量の違いによって分離した後，PVDFメンブレンなどにタンパク質を移し，検出するタンパク質の特異的抗体を用いて，タンパク質を可視化する方法です。

少し詳しく述べると，SDS-PAGE後のゲルにメンブレンを密着させ，分離したタンパク質を電圧をかけてゲルからメンブレンに移します。タンパク質を移動させたメンブレンに，一次抗体（目的とするタンパク質に対する抗体）を反応させ，洗浄後，HRP（西洋ワサビペルオキシダーゼ）などの酵素で標識した二次抗体を反応させると，酵素活性を利用した化学発光法もしくは発色法により検出することができます。

2　遺伝子の組換え

遺伝子組換えとは

遺伝子組換え（gene recombination）

遺伝子組換えとは，ある生物の遺伝子を人工的に切り取り，それを別の生物のDNAにつないで新しい遺伝子の組合せをつくることです。その流れを見てみると，

目的の遺伝子を制限酵素で切り出す

→図のように大腸菌からプラスミドを取り出して，遺伝子を切り出したものと同じ制限酵素でプラスミドを切る

→切り出した遺伝子をDNAリガーゼでつなげる

→この作成したプラスミドを大腸菌に入れる。

例えば，大腸菌にヒトのインスリンを生産させる場合，プラスミドとともにヒトのインスリン遺伝子が含まれるDNAを，同じ制限酵素で切断して混合しDNAリガーゼを作用させると，ヒトインスリン遺伝子を含むプラスミドが完成します。

このプラスミドに大腸菌を取り込ませ，大腸菌を培養して増殖させると，増殖した大腸菌から多量のインスリンが得られます。

ただし，ヒトインスリン遺伝子にはイントロンが含まれています。大腸菌はスプライシングをしないので，このままでは，イントロン部分まで翻訳されてしまい本来のインスリンはつくられません。そこで，**予めインスリンのmRNAを逆転写酵素で処理してcDNAを作成します。cDNAはイントロンが除かれたDNAですからこれをプラスミドに組み込みます**。このようにして正常に機能するインスリンが得られます。

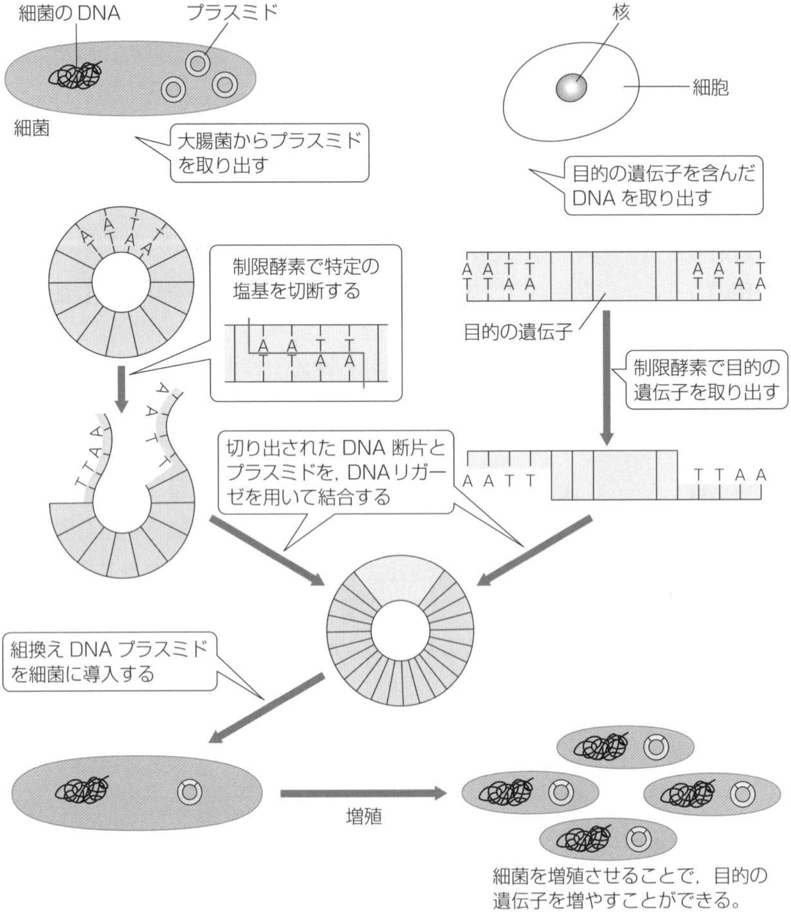

この大腸菌を**抗生物質**（antibiotic）を含む培地で培養すると，プラスミドを導入された大腸菌だけが**薬剤耐性**（antimicrobial resistance）をもつので増殖します。プラスミドの導入はすべての大腸菌で起こるのではないためプラスミドが導入された大腸菌を選別する必要があります。

further study

抗生物質（antibiotics）のはたらき

抗生物質は，微生物が産生する化学物質で，他の微生物の生育や機能を阻害する物質です。最初に発見された抗生物質は 1929 年にフレミングによってアオカビから発見されたペニシリンで，細菌による肺炎などに効きます。

ペニシリンの作用は細菌の細胞壁合成の抑制です。ストレプトマイシンは，結核の治療薬としても使われ，多くの結核患者を救いました。ストレプトマイシンは細菌のリボソームの小サブユニットに結合して，タンパク質合成を阻害します。

クロラムフェニコールは，細菌のリボソームの大サブユニットに結合してペプチド鎖の伸長を阻害します。また，テトラサイクリンは，細菌の小サブユニットに結合して tRNA の結合を阻害します。

これらの抗生物質は細菌には有効ですが，ヒトのリボソームへの影響は低いので，薬として利用できます。また，**抗生物質は，細菌性の扁桃腺（へんとうせん）や膀胱炎（ぼうこうえん）などには効果があるものの，はしか，インフルエンザ，ポリオ，HIV などのウイルス性の病には効きません。**

遺伝子操作に必要なもの

遺伝子操作（genetic engineering）

DNA を切り取ったり，組み替えたりすることを遺伝子操作といいます。DNA を加工するためには，まず DNA を切断するはたらきをする「ハサミ」が必要です。さらにある DNA と別の DNA を結合させるいわば「糊（のり）」のようなはたらきをするものも必要となります。また，ある遺伝子を 1 つの生物から他の生物に移植するための「遺伝子の運び屋（ベクター）」も実は必要となります。

こうした遺伝子の操作に必要な物質やしくみの発見は遺伝子研究とは別の細菌の研究から始まったのです。

ベクター

目的の遺伝子を細菌などの DNA に直接組み込むのは難しいです。そのため，目的の遺伝子を小型の DNA に組み込んで，細菌に導入することが一般的です。

このとき使われる小型の DNA はベクター（運び屋）と呼ばれ，プラスミドやウイルスが用いられます。プラスミドは，細菌などに存在する，細菌自身のゲノム DNA とは別の小さな環状の DNA で，細菌内で自己増殖します。

誤解しやすいので，プラスミドとベクターについて，注意すべきこととして

プラスミドは，細胞内にある染色体以外の環状DNAであり，**ベクターは，遺伝子組換えに利用されるDNA分子を運ぶためのDNA分子のことです。**ベクターはプラスミド以外にウイルスもベクターとしてはたらきます。つまり，染色体以外の環状DNAを意味するならプラスミド，遺伝子組換えでDNAの挿入を行う場合はベクターと記憶しておけばよいでしょう。

ちなみにベクターはラテン語の「運び屋」に由来します。

制限酵素の発見

1960年代後半にスイスの微生物学者ウェルナー・アルバーは，ウイルス感染に強い細菌の一種は，感染したウイルスのDNAをばらばらに切断してしまうことに気づきました。しかしこのとき，細菌自身のDNAは傷つくことがなかったのです。

そこでアルバーは，「特別な酵素がウイルスのDNAのみを認識して切断する」という仮説を立てました。この酵素は，ウイルスの増殖を抑えるという意味で“**リストリクション・エンザイム**”と呼ばれるようになりました。これが日本語では**制限酵素**と訳されたのです。

1970年になると，微生物学者のハミルトン・スミスらは，この制限酵素を分離精製し，アルバーの仮説が正しいことを確かめました。

制限酵素は，ウェルナー・アルバーとハミルトン・スミスによって発見・確認されたDNA塩基配列を特異的に切断する酵素です。大腸菌のある種の株でファージの増殖が制限されることが発見のきっかけとなったため制限酵素と名付けられました。現在では2本鎖のDNAを切断する酵素を「制限酵素」として定義しています。制限酵素の発見により大腸菌のDNAにヒトのDNAを組み込ませるような遺伝子組み換え操作が可能となりました。

後に，制限酵素は必須因子や切断様式によりⅠ～Ⅲ型の3種類に大別されました。そのうちの切断箇所の再現性が高いⅡ型酵素が，遺伝子組み換えに多用されています。

遺伝子導入

EcoR1による切断による遺伝子導入

次のように

5′GAATTC3′

3′CTTAAG5′

6塩基対の配列を認識して，切断する酵素を用いて目的の遺伝子をベクターとなるプラスミドに導入します。その後で，リガーゼで結合しておきます。

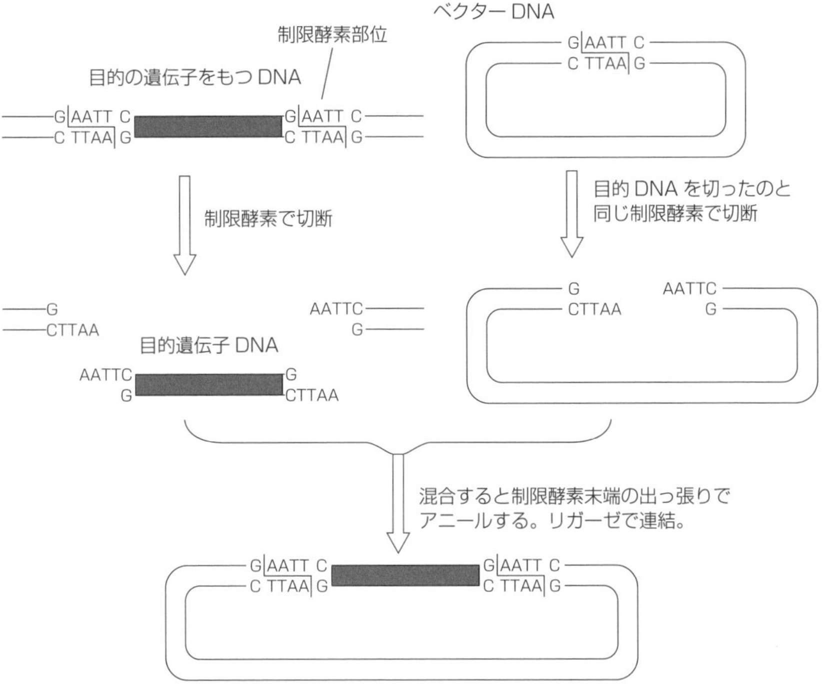

この方法で目的の遺伝子を導入すると，逆向きに入ってしまうことが多いのです。逆向きにはいると合成されるタンパク質は全く別のものになってしまうので，これを避けるために2種類の制限酵素で切断します。

■プラスミド pUC19

・大腸菌（JM109株）：βガラクトシダーゼ（ラクトースを分解する酵素）をつくれません。

pUC19には Amp^r・*lacZ* と呼ばれる塩基配列が存在します（次図）。*lacZ* の転写には，P（プロモーター）とO（オペレーター）によって制御されています。

Amp^r にもPがありますが，これは常に転写されています。

・lac promoter：ラクトースオペロンの広義のプロモーター。イソプロピル-1-

チオ-β-ガラクトシド（IPTG）等の存在下で*lacZ*とMCSに挿入された配列を転写します。

・**MCS**：マルチクローニングサイト。様々な制限酵素に認識される配列が存在する部位。これを適当な制限酵素で切断し，外来のDNA配列を挿入します。MCSは*lacZ*遺伝子領域中にあります。MCSに外来DNAが挿入されると機能する*lacZ*タンパク質が翻訳されなくなります。

・**IPTG**とX-gal：IPTGはラクトースに類似の化合物で，リプレッサーとの結合力が強いため，オペレーターからリプレッサーを引き離す作用があります。この結果RNAポリメラーゼがプロモーターに結合して転写が始まります。

X-galは，βガラクトシダーゼによって分解されると青色の物質が生じ，その結果，コロニーが青くなります。

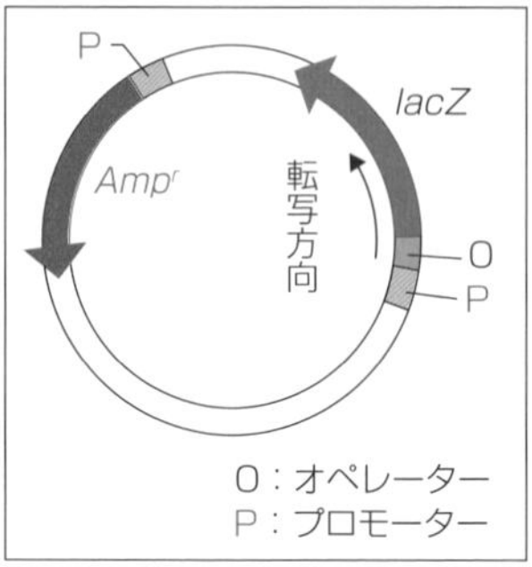

プラスミドpUC19

MCSに別の遺伝子が導入さえたかどうかを知る方法に，視覚的にみる方法がX-galを培地に添加して青色のコロニーができたかどうかを見るのです。

確認のため，演習問題をやってみましょう。

演習問題

次の文章を読み，問いに答えなさい。

菌体内で増殖する環状2本鎖のDNAを，プラスミドという。プラスミドは塩基数にして数千から数万のもので，目的の遺伝子をつないだプラスミドを大腸菌などに入れると，プラスミドが細胞内で増殖することにより目的の遺伝子を増やせる。大腸菌には，プラスミドを取り込む性質がある。

このため，プラスミドは，ベクターとして利用される。

以下の実験で使用したpUC19プラスミドは，図1に示すように，抗生物質アンピシリンの作用を抑える遺伝子（Amp^r）と，ラクトース（乳糖）を分解する酵素であるラクターゼの遺伝子（*lacZ*）を含む。このプラスミドには制限酵素EcoR Ⅰにより認識される部位が1つだけあり，その塩基配列を図2の中に示す。なお，図2は，pUC19プラスミドを簡略化して示してある。

pUC19プラスミドに，制限酵素EcoR Ⅰを作用させて(a)プラスミドを切断した。また，制限酵素EcoR Ⅰを作用させて(b)ヒトの遺伝子*Y*を含むDNA断片を取り出した。図3に示したように，遺伝子*Y*の両末端付近にのみ制限酵素EcoR Ⅰで切断される部位がある。pUC19プラスミドと遺伝子*Y*を含むDNA断片を制限酵素EcoR Ⅰでそれぞれ切断した後，これらを混合し，(c)切断点をつなぐ酵素を作用させることにより，(d)遺伝子*Y*をプラスミドの中に組み込ませるための実験操作を行った。これを，形質転換しやすいように処理したAmp^r遺伝子を持たない大腸菌と混ぜ，アンピシリンとIPTG（ラクターゼ遺伝子の発現を誘導する物質）とX-gal（無色の化学物質で，ラクターゼが作用すると青色の化学物質に変化する発色基質）を含む寒天培地で一晩培養した。翌日，寒天培地上に，それぞれが1個の大腸菌から分裂・増殖によって形成された集落（コロニー）が複数観察できた。集落には，図4で示したように，(e)青色や白色のものが混じっていた。

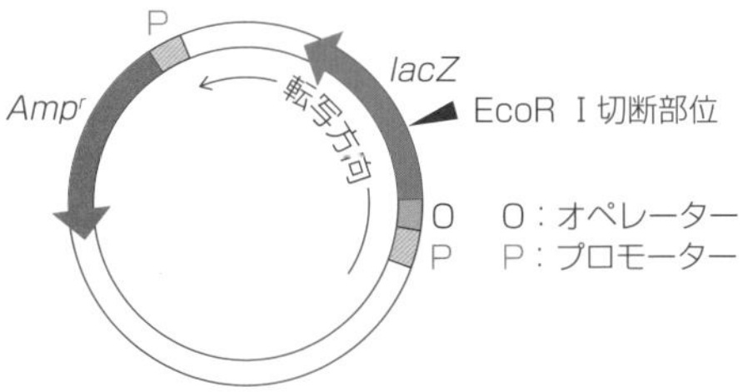

図1　プラスミドpUC19

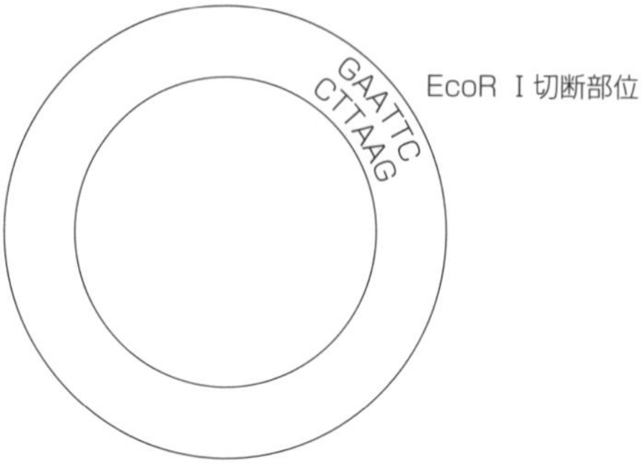

図 2　制限酵素 EcoR I 切断部位の拡大

図 3　導入しようとする遺伝子 *Y*

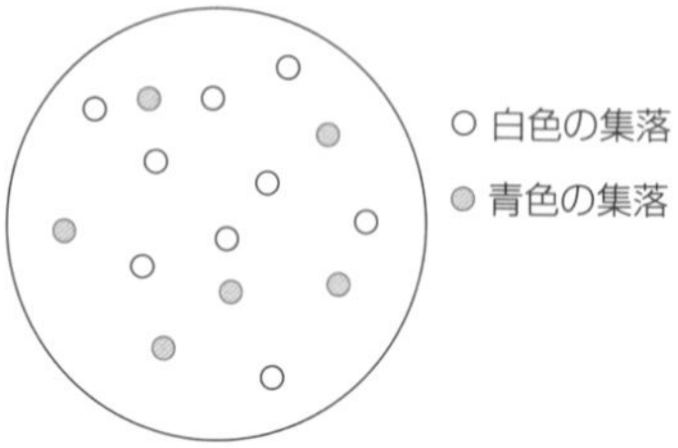

図 4　形成された集落

問 1　下線部 (a) について，制限酵素 EcoR I は，DNA 塩基配列のうち，GAATTC 配列の G と A の間を切断する。pUC19 プラスミドの EcoR I による切断後の模式図を，図 2 をもとに作製して図示しなさい。

問 2　下線部 (b) の制限酵素 EcoR I を用いて取り出した遺伝子 *Y* の切断後の模式図を，図 3 をもとに作製して図示しなさい。

問 3　下線部 (c) の酵素名を答えなさい。

問 4　下線部 (d) の遺伝子組換えにより，遺伝子 *Y* を組み込ませたプラスミドの模式図を，図2と図3をもとに作製して図示しなさい。ただし，切断点をつないだ部分の塩基配列を明記すること。

問5 下線部（e）の青色と白色の集落は，それぞれどのようなプラスミドをもつ大腸菌が増殖してできたと考えられるか，その理由とともに答えなさい。

問6 この実験で，アンピシリンを含まない寒天培地を用いた場合，アンピシリンを含む寒天培地を用いた場合と比べて，生じる集落の数に違いがあるか，その理由とともに答えなさい。

問7 ヒトの遺伝子 *Y* の翻訳領域は，分子量 55,000 のタンパク質 Y をコードしている。この翻訳領域は何塩基対になるか答えなさい。ただし，タンパク質 Y のポリペプチド鎖中のアミノ酸の平均分子量は 110 とし，遺伝子 *Y* はエキソンのみで構成され，翻訳領域には終止コドンを含めないものとする。

解答

問1 次図（左）　　**問2** 次図（右上）

問3 DNA リガーゼ　　**問4** 次図（右下）

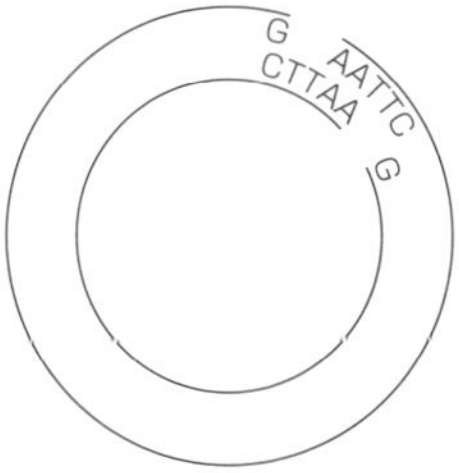

問 5

青色…遺伝子 *Y* が組み込まれなかったプラスミド［切断前の状態に戻ったプラスミド］を持つ大腸菌の集落は，青色となる。ラクトースタンパク質をコードする *LacZ* 遺伝子が保存されているためです。

白色…遺伝子 *Y* が組み込まれたプラスミドを持つ大腸菌の集落は，白色となる。*LacZ* 遺伝子の途中に遺伝子 *Y* が組み込まれ，*LacZ* 遺伝子が破壊されてラクトースタンパク質の機能が失われたため。

問 6　違いはある。アンピシリンを含まない寒天培地を用いた場合，プラスミドが取り込まれなかった大腸菌も生育できるため，集落数は増える。

問 7　1500 塩基対

（考え方）ポリペプチド鎖中のアミノ酸の平均分子量が 110 なので，この値で 55000 を割ると，タンパク質 Y を構成するアミノ酸数が 55000 ÷ 110 = 500 個と求まる。

塩基 3 個で 1 つのアミノ酸を指定するので，翻訳領域は 3 × 500 = 1500 個の塩基対からなる。

（注）翻訳に用いられる DNA は 2 本鎖のうち片側なので 1500 塩基となるが，DNA 自体は 2 本鎖なので 1500 塩基対となる。

3　ゲノム編集でノーベル賞

ゲノム編集

■ゲノム編集（genome editing）でノーベル化学賞

スウェーデンのストックホルムにある王立科学アカデミーは，10月7日に2020年のノーベル化学賞の受賞者を発表しました。

受賞が決まったのは，次の2人の研究者です。

フランス出身でドイツのマックス・プランク感染生物学研究所のエマニュエル・シャルパンティエ所長と，アメリカ出身でカリフォルニア大学バークレー校のジェニファー・ダウドナ教授です。2人は「細菌」の免疫の仕組みを利用して，ゲノムと呼ばれる生物の遺伝情報の，狙った部分を極めて正確に切断したり，切断したところに別の遺伝情報を組み入れたりすることができる，**「CRISPR-Cas9」（クリスパー・キャスナイン）**と呼ばれる**「ゲノム編集」***の画期的な手法を開発したことが評価されました。

「CRISPR-Cas9」はそれまであった「ゲノム編集」の方法に比べて簡単で効率がよく，より自在に遺伝情報を書き換えることができることから，すでに作物の品種改良などのほか，がんの新しい治療法の開発や新型コロナウイルスの研究に用いられています。

biological words

***ゲノム編集**
生命の設計図であるゲノムを書き換えることで今までになかった特徴を持つ生物を作り出すことができる技術。

一方で，このときの発表の中で王立科学アカデミーは，当然のことですが，この技術は人類に大きな恩恵をもたらしうるものの，胎児の遺伝情報の書き換えにも用いることができることから，「人類は新たな倫理的な課題に直面することになる」として，ヒトや動物で実験を行う場合は倫理委員会に諮り，承認を受けなければならないとしています。

ジェニファー・ダウドナ

further study

従来の遺伝子組換え技術と CRISPR-Cas9 の違い

CRISPR-Cas9 では，作業が簡単で短時間に行うことができます。また，遺伝子が組み込まれる場所が従来のタイプではランダムですが，CRISPR-Cas9 では，特定の決まった場所に組み込むことができます。また，この方法は，脊椎動物だけでなく，無脊椎動物でもまた，植物など多くの生物で行うことができます。

CRISPR-Cas9

■ゲノム編集発端は日本人研究者

ノーベル化学賞の受賞対象になったゲノム編集の手法，「CRISPR-Cas9」（クリスパー・キャスナイン）は，日本人研究者が 1980 年代に大腸菌で見つけた DNA の塩基配列がもとになっています。

大阪大学名誉教授の中田篤男氏（1930-）と九州大学教授の石野良純氏（1957-）のグループは大阪大学で研究を行っていた時，大腸菌の DNA で同じ配列が 5 回繰り返されているのを見つけ 1987 年に論文として発表しました。

当時は繰り返し現れる配列が何を意味するのかわかっていませんでしたが，その後，この論文をもとに，ヨーロッパの研究者が，この配列が外から侵入するウイルスなどの「外敵」を認識して攻撃する免疫の仕組みに関わっていることを突き止めました。

大腸菌では，繰り返される配列の間に，外敵の遺伝子が組み込まれることで，外敵を認識して攻撃します。

この仕組みを応用して，繰り返される配列の間に目的とする遺伝子を組み込むと，遺伝子を切り貼りするはさみの役割をしている物質を狙った場所に届けることができるようになりました。

この技術で狙ったとおりに遺伝子を切断したり挿入したりすることができるようになり，簡便で精度がきわめて高いゲノム編集の方法として確立しています。

遺伝情報を簡単に，自在に書き換えられる「CRISPR-Cas9」は，日本の研究者による塩基配列の発見がもとになって開発につながったのです。

2021 年のノーベル化学賞の受賞者に選ばれたドイツの研究機関とアメリカの大学の研究者の論文の中でも，中田教授と石野教授のグループの論文が引用論文として紹介されています。

生命倫理の専門家「リスクを評価する仕組みを」

生命倫理が専門の北海道大学の石井哲也教授は,「今回のノーベル賞は,受賞するべくして受賞したものだと考えている。ただ,ゲノム編集の技術には,意図していない遺伝子の改変が起きるなどのリスクがあることが指摘されている。食品の品種改良や医療への応用など健康に関わる技術になっている以上,このリスクをしっかりと評価する仕組みを国内,あるいは国際的に作ることが求められていると思う。また,中国で行われたようなゲノム編集の技術を使って受精卵の遺伝子を操作して実際に赤ちゃんを誕生させるなどの行為は禁止するべきだ」と話しています。

4 オミクス

全体像を見る研究

■オミクス（omics）とは？

遺伝現象や生命現象を網羅的に解析する方法をオミクス（omics）といいます。ゲノム全体の解析であればゲノミクス，転写物全体であれば，トランスクリプトミクス，タンパク質全体であればプロテオミクスとなります。また，細胞内でつくられる代謝中間体を含めた代謝産物（メタボローム）を解析するものであれば，メタボロミクスとよばれます。

■全 RNA の分析トランスクリプトミクス

トランスクリプトーム（transcriptome）は，特定の状況下において細胞中に存在する全ての mRNA（ないしは一次転写産物，transcripts）の総体を指す呼称です。ゲノムは原則として同一個体内のすべての細胞で同一ですが，トランスクリプトームでは状況が異なり，同一の個体にあっても組織ごとに，あるいは細胞外からの影響に応じて独自の構成をとることが多いです。

トランスクリプトミクス（transcriptomics）とはトランスクリプトームを扱う学問です。トランスクリプトームの様態は，例えば**DNA マイクロアレイ**の様に一度に幾万もの mRNA を識別する能力を持つ技術をもって解析されます。遺伝子産物である mRNA の階層の要素が，タンパク質の階層の要素と一対一に対応するとは限りません。タンパク質から構成されるシステムは，トランスクリプトームと同様な枠組みで理解され，プロテオームという概念で認識されています。トランスクリプトームの研究は生命を司る物質流転（メタボローム）を探求する上で残された重要な分野です。

■ DNA マイクロアレイ解析

DNA マイクロアレイ解析は，組織の細胞内で，どの遺伝子が発現しているかを調べる方法です。たとえば，がん細胞と正常細胞で発現している遺伝子を比較して，がんの原因遺伝子を特定する研究などに利用されています。

DNA マイクロアレイとは，あらかじめ塩基配列のわかっている多数の 1 本鎖 DNA を 1 枚のプラスチックなどの基板上に貼り付けたものです。

ある組織から取り出した mRNA から相補的な DNA（cDNA）を合成します。cDNA を蛍光色素で標識した DNA マイクロアレイと反応させると DNA マイクロアレイ上の DNA と相補的に結合します。結合は蛍光により確認できるので，その組織でどのような mRNA が転写されているかがわかります。

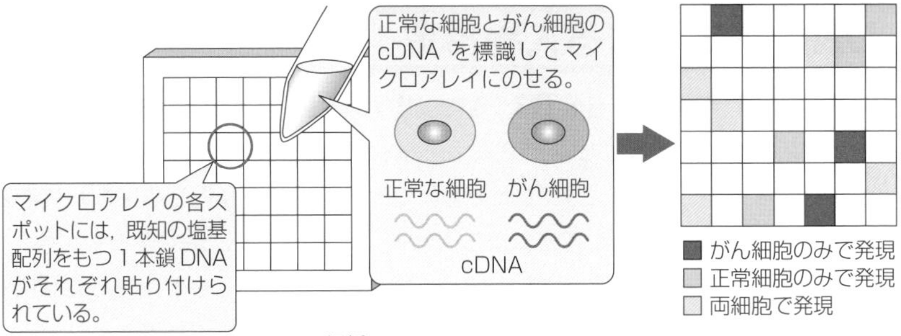

DNA マイクロアレイ解析

5　DNA 解析技術の発展による恩恵

DNA 鑑定による人物特定

■マイクロサテライト（STR：short tandem repeat）解析

マイクロサテライトはヒトゲノム中で短い塩基配列が多数回連続して繰り返されている領域であり，この部分は個人ごとの配列の繰り返しの回数が異なるものが多いことからDNA 鑑定による人物同定に用いることができます。

例えば，2つのDNA サンプルが同一人物に由来することをどうやって証明したらよいでしょうか？ 2つのサンプルのゲノム全体を比較すれば，それで正しい結果は出てきますが，これには膨大な時間と費用がかかるのでまず実行不可能です。

そこで考えられたのがマイクロサテライトの活用です。一般的なマイクロサテライトの解析では，ゲノム全体に散在している15 領域について，特定の4塩基の繰り返し回数を比較します。それぞれのSTR 領域では4塩基が連続して3回から50 回繰り返されていて，個人によってその回数が違っています。

たとえば，科学捜査を担当する部署では，得られたDNA と容疑者のDNA が一致しているかはこの15 領域について繰り返しの回数をチェックして，それが完全に一致していればDNA 鑑定で同一人物のDNA と判断されることになります。

■ RFLP（restriction fragment length polymorphism，制限酵素断片長多型）分析

RFLP とは，制限酵素によって切断されたDNA 断片の長さが，同一種内の個体間で異なる（多型を示す）ことを指し，また転じてそれを検出する手法も意味します。

その実践例を考えてみましょう。次の図のDNA 断片でみると犯罪現場のDNA と容疑者のDNA の塩基配列を比較すると1塩基対だけ変化しています。この結果，制限酵素による切断位置が変化してしまうことがあります。

犯罪現場のDNA は制限酵素によって2カ所切断箇所があって3つのDNA 断片（図のx，w，y）が生じ，容疑者の方は1カ所しか切断されず，2つのDNA 断片（z，y）が電気泳動によって検出されました。この可視化によって，それぞれのDNA サンプルが別々のヒトに由来していることがわかります。

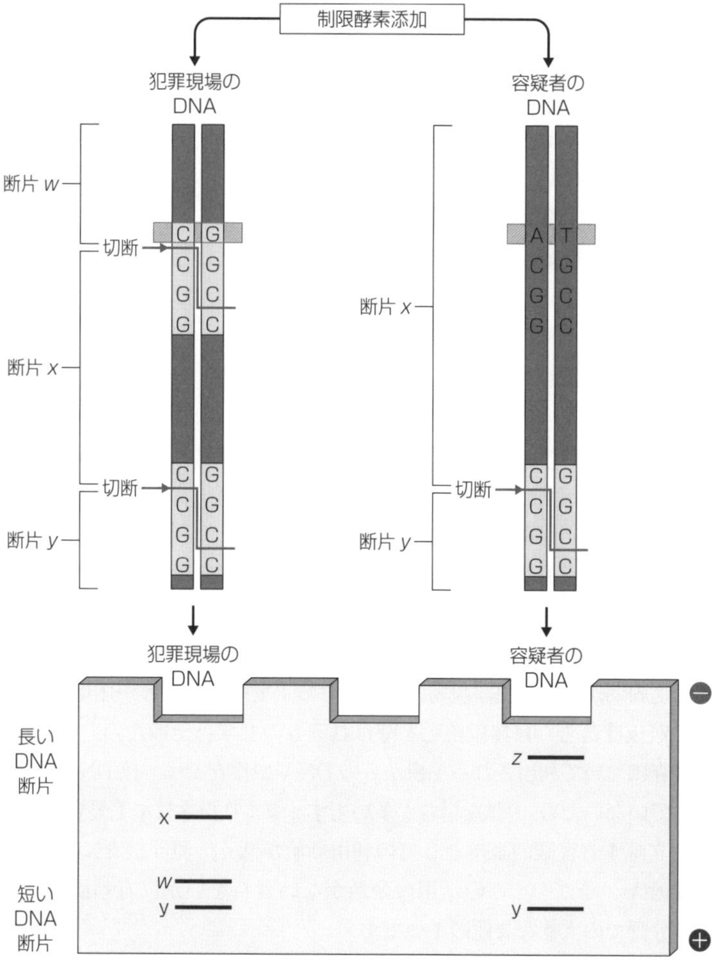

DNA 鑑定の問題点

個人識別の正確性の飛躍

科学捜査研究所でヒト DNA 型鑑定法が順次導入され，2003 年からはシーケンサーを使用した自動機器分析へと移行しました。当初は 9 座位種類の STR 型および性別判定用のアメロゲニン型分析が鑑定に使用され，個人識別能力は最低でも約 1,100 万人に 1 人にまで向上し，さらに，未知資料の性別判定も可能となりました。その後，2006年に現在と同じ15座位種類のSTR型分析が可能となり，個人識別能力が約4兆7千億人に1人にまで飛躍的に向上しました。このようにヒトDNA型鑑定はその高い個人識別能力，再現性，微量，陳旧あるいは汚染資料からも検査が可能ということ，さらにデータベースを活用した捜査が可能となるなど，著しく発展しています。

科学捜査におけるDNA鑑定の問題点

ヒトDNA型鑑定の個人識別能力が飛躍的に向上した一方で，従来では鑑定嘱託されなかった資料の鑑定が急増しました。たとえば，実際の犯罪現場で犯人の接触が弱い，あるいは一瞬触れただけといった，いわゆる「タッチサンプル」と呼ばれる潜在的資料のことです。この「タッチサンプル」は，犯人が無意識のうちに触れたものに残されるため，肉眼で指掌紋と確認はできないものの多くの現場に残されています。このような明確な指掌紋とは判定しにくい痕跡から得られたDNAは，DNA量が100pgにも満たない「trace DNA」とも呼ばれ，ヒトDNA型の検出は困難な場合が多いです。

また，毛髪資料も犯罪現場から採取される機会が多く，法科学検査では重要な資料の1つです。ヒトの毛髪は1日に約50～150本脱落すると言われており，犯人が無意識のうちに，犯罪現場に遺留する可能性があります。しかしヒト頭毛には毛周期があり，犯罪現場に遺留される毛髪のほとんどが休止期（telogen）のものが抜け落ちた自然脱落毛と呼ばれるものです。そのため，警察における犯罪捜査において利用される毛根からのDNA型検査では，核DNAがほとんど残存していないため，困難な場合が多いです。つまり指掌紋や毛髪資料の多くは，犯罪を立証する客観的証拠としての利用価値が低く，犯罪捜査に有効活用できていません。そこで，この活用の余地がない資料をいかに有効活用するかが，法科学分野での大きな課題の1つです。

少し余談になりますが，DNA鑑定を行う場合，血液はもちろん，歯ブラシやタバコの吸い殻に付着した唾液などを採取しているシーンが出てきます。この唾液にDNAが含まれているのは不思議だなとずっと考えていたのですが，解明できました。唾液そのものにはDNAは含まれていません。実際には唾液中にある細胞からDNAを検出するのです。

医療分野への貢献

ゲノム編集（genome editing）による治療法の発展

ゲノム編集によって，遺伝子疾患の治療法開発が進むことが期待されています。例えば京大の山中伸弥教授らの研究によると，筋肉が萎縮・壊死していく難病の筋ジストロフィーの治療が計画されています。まず患者の白血球などからiPS細胞をつくり，ゲノム編集によって原因遺伝子を正常遺伝子に交換した後，筋肉に分化させて，それを患者の筋肉に移植するというものです。

ファクターX

新型コロナウイルスの感染者や死亡者の割合は欧米で高く，日本を含む東アジアでは低めです。それはなぜなのでしょうか。ノーベル医学生理学賞を受賞した京都大の山中伸弥教授は「ファクターX」（何らかの原因）が存在する可能性を指摘しています。ファクターXは実際にあるのでしょうか。存在するとすれば何だと考えられるのでしょうか。

山中教授は，新型コロナウイルスへの感染対策について「日本の対策は世界の中でも緩い方に分類されます。しかし，感染者の広がりは世界の中でも遅いと思います。何故でしょうか？ たまたまスピードが遅いだけで，これから急速に感染が増大するのでしょうか？ それとも，これまで感染拡大が遅かったのは，何か理由があるのでしょうか？」と投げかけました。

その上で，「私は，何か理由があるはずと仮説し，それをファクターXと呼んでいます。ファクターXを明らかにできれば，今後の対策戦略に活かすことが出来るはずです」と感染拡大や死者の数が海外の他の国と比べて抑えられているとされる現状には何らかの要因があるとの見解を示し，それを「ファクターX」と名付けていると説明した。この姿勢はサイエンスを研究するものとして当然ですが，医学部――とりわけ臨床医は，目の前の患者の治療に目を奪われて，山中教授のような方向性を考えないでしまっているように思えます。

多角的な研究スタイルこそが真のコロナ対策の姿で，やがて多くの知見が集まって何らかの可能性が出てくると思われます。おそらく，2030年代になれば，研究成果の積み上げで結論がはっきりすると思われます。

ファクターXの可能性を一部解明

日本人の新型コロナ患者の重症者や死亡者が，欧米人に比べて非常に少ない理由として存在が指摘されてきた謎の要因「ファクターX」について，理化学研究所は2021年12月8日，「日本人に多い特定の免疫タイプが要因の一部だと解明した」と発表した。感染した細胞を免疫細胞の1つであるキラーT細胞が破壊する仕組みも判明しました。この仕組みを応用すれば，新たな脅威となっている変異株「オミクロン株」にも有効なワクチンの開発につながりそうだとしています。

新型コロナのウイルスが細胞に感染すると，免疫の作用で細胞の表面に，ウイルスが侵入したことを示す抗原となるペプチドという物質が表れます。これにキラーT細胞が刺激されて増殖し，感染細胞を破壊して重症化を防ぎます。免疫のタイプは多数あって表れるペプチドの種類が異なり，反応するキラーT細胞も異なります。反応しない場合もあります。

研究チームは，日本人の約6割が持っているが，欧米人は1～2割しか持たない「A24」という免疫タイプに着目しました。このタイプの細胞が新型コロナに感染した際，細胞表面にどのような種類のペプチドが表れ，それらにキラーT細胞が反応するか分析しました。

その結果，「QYI」というペプチドにキラーT細胞が効率的に反応することが判明，同じ免疫タイプで新型コロナ未感染の人の細胞を採取しQYIを投与すると，83.3%でキラーT細胞が反応し増殖しました。これらから，日本人の新型コロナ感染者に重症者などが少ないファクターXは，この免疫タイプの多さが要因の一部だと結論づけました。ただし，これでファクターXが完全に解明されたわけではなく，その可能性の1つであると考えるのが正しいかもしれません。

この仕組みを利用しQYIをワクチンとして投与すれば，重症化を抑止できる可能性があります。また，既存のワクチンとは働きが異なるため，チームではオミクロン株にも有効ではないかとみています。理研の藤井真一郎チームリーダーは「これまでワクチンが効かなかった人の新たな治療法になる可能性もある。さらに研究を進めたい」と話しています。

非メンデル遺伝

エピジェネティクス（epigenetics）とは

エピジェネティクスとは，DNA塩基配列の変化を伴わない細胞分裂後も継承される遺伝子発現を制御する機構のことをいいます。つまり，塩基配列によらない遺伝現象のことです。代表的な例として，DNAのメチル化があります。これは，ヒストンの特定の場所にメチル基 $-CH_3$ が付加されるとクロマチンの凝縮が進み，転写が抑制されます。

ゲノムインプリンティング

一部の遺伝子は，両親から受け継いだ遺伝子のうち，一方の親からの遺伝子のみが働くことがあります。これも，エピジェネティクスの1つの表現型で，非メンデル遺伝の代表的なものです。

たとえば，対立遺伝子のうち，父親由来の対立遺伝子が不活性化されていて，片方の遺伝子だけが発現できます。このような現象をゲノムインプリンティングといいます。この遺伝子の不活性化は細胞分裂の後でも継承されます。

カルスは全能性を持っている細胞の一種です。全能性（ぜんのうせい，totipotency）は，細胞があらゆる細胞に分化することができる，つまり完全な一個体を形成できる能力のことをいいます。

eye on biology

これもエピジェネティクス

ミツバチの雌バチについて考えてみると，女王バチになるかあるいはワーカーになるかは幼虫のときに与えられた餌によって決定されます。花粉や蜜が与えられた個体はワーカーになるのに対し，ローヤルゼリーを与えられた雌は女王バチに成長します。この現象はローヤルゼリーの化学物質がDNAの修飾に影響を与え，遺伝子発現を変化させたためと考えられます。

このように，同じ遺伝子をもっていても与えられる物質など環境の違いによってその発現が変化するので，エピジェネテックです。

医療技術の進展

バイオテクノロジーは他分野に利用されています。さまざまな疾患の治療や予防などにも利用されています。遺伝子組換えの大腸菌がつくりだすインスリン，インターロイキン，インターフェロンなどは多くの患者の健康回復へ用いられています。また，遺伝子疾患の患者には正常な遺伝子を取り込ませ，患者の体内に戻す遺伝子治療の研究も行われています。

遺伝子治療は，大きく「体細胞遺伝子治療」と「生殖細胞系列遺伝子治療」の2つに分けられます。体細胞遺伝子治療とは，例えば皮膚や肝臓など，子どもに受け継がれない「体細胞」に限定して，治療のための遺伝子を導入する治療法です。そして，生殖細胞系列遺伝子治療とは，その影響が子どもに受け継がれる受精卵に遺伝子を導入する治療法です。

このような先端の医療にもバイオテクノロジーの技術が用いられています。今後AIを活用することで，その可能性はさらに飛躍すると考えられています。

次世代シークエンサー技術の発展がもたらしたもの

■次世代シークエンサー

米国では個人のゲノムを安価に解読して個別医療に役立てるために2004年から1,000ドルゲノム計画がスタートし，新しい原理に基づく次世代シークエンサーが数多く開発され，塩基配列を解読する能力は大幅に改善されました。この方法では，同時に多数（10億程度）のシークエンス反応を行い，CCDカメラを用いてシークエンス反応を光で同時に検出するので，サンガー法と比べて1サンプル当たりの解読できる長さは短いのですが，同時に解析できるサンプル数を多くすることで，全体として1台のシークエンサー当たりサンガー法の約100万倍ものDNA配列を得ることができました。この方法の最初の応用例は，2006年に報告された現生人類に最も近い絶滅人類であるネアンデルタール人の化石から抽出された核DNAの塩基配列の大規模解読です。

■ネアンデルタール人のゲノム解析

初期の人類として有名なアウストラロピテクス（猿人）の化石はアフリカの約300万年前の地層から発掘され，ゴリラやチンパンジーなどの類人猿と比べると，脳の大きさは類人猿と変わらないが，骨格の違いから直立二足歩行していたと考えられます。約20万年前にアフリカに出現した現生人類ホモ・サピエンスは猿人の頭骨の化石と比べると，脳が大きく発達し，オトガイが形成され，眼窩上隆起が小さいという特徴があります。一方，ネアンデルタール人の化石は中近東からヨーロッパのみで発見されており，骨格や脳の大きさは現生人類と同程度かむしろ大きいが，オトガイはありません。ネアンデルタール人は約50万年前に現生人類との共通の祖先から分岐し，約3万年前に絶滅したと考えられており，ヨーロッパの現生人類とネアンデルタール人とが共存していた時期があることから混血があったかどうか謎でした。2014年までにネアンデルタール人の高品質なゲノム配列の解読が行われ，世界各地の現代人1,000人のゲノム配列と比較した結果，アフリカ以外の現生人類はネアンデルタール人由来の遺伝子を1～3%含んでおり混血があったことが判明しました。アフリカ以外の現生人類のもつネアンデルタール人由来の遺伝子としてはケラチンに関係する遺伝子が多くありました。また，全体として見ると，ネアンデルタール人由来の配列が含まれる割合は，遺伝子部分よりも非遺伝子部分で高く，また，X染色体よりも常染色体で高かったことが解明されました。

eye on biology

ワトソン博士の個人ゲノムが解読された

2009年にはワトソン（DNAの二重らせん構造の発見者の1人）の個人ゲノムが解読されました。そのときの費用は約100万ドルと言われています。その後もさらに技術革新が続き，2020年には3000ドル程度で個人ゲノムの解読が可能となっており，個別医療（テーラーメイド医療）への応用が期待されています。

索引

数字・ギリシャ文字

1000人ゲノム計画 157
1本鎖DNA 202
1本鎖DNA結合タンパク質 55
1本鎖DNAループ 97
1本鎖miRNA 148
2本鎖 87
2本鎖miRNA 148
2本鎖RNA 25
2本鎖の方向性 35
3′UTR 128, 129, 130
3つ組塩基 120
3′突出末端 179
3′非翻訳領域 129, 130
3′末端 127, 130
5SRNA 142
5′UTR 127, 128, 129, 130
5′キャップ 127
5′突出末端 179
5′非翻訳領域 127, 129, 130
5′末端 125, 127
6量体 131
α-グロビン遺伝子座 165
β-ガラクトシダーゼ 136
β-グロビン遺伝子座 165
βガラクトシダーゼ 209, 210
βグロビン遺伝子 100
ρ因子 131
σ因子 93, 95

A～D

A24 224
AMP 106
Ampr 209
APエンドヌクレアーゼ 74
Asp 106
ATP 91, 106
AUG 103
A部位 112
c-Myc 169
cAMP 137
CAP 137
CAP結合部位 137
CCDカメラ 226
Cdk 67
Cdk1 69
Cdk阻害タンパク質 68, 72
cDNA 205, 218
CDS 129
cell cycle 62
CKI 68
COOH基 103
COVID-19 184
CRISPR-Cas9 151, 215
crRNA 151
CTP 91
C末端 103, 111
dATP 54, 91
dCTP 91
dGTP 54, 91
Dicer 150
DIG 203
DNA 2, 22, 154
DNase 203
DNA依存性RNAポリメラーゼ 40, 89
DNA鑑定 58, 220
DNAグリコシラーゼ 74
DNAクローニング 174
DNA鎖 35
DNA修復 74
DNA切断ツール 179
DNA断片 186, 202
DNA分解酵素 58, 203
DNAヘリカーゼ活性をもつ転写因子 92
DNAポリメラーゼ 39, 40, 45, 55, 74, 91
DNAマーカー 180
DNAマイクロアレイ解析 218
DNAリガーゼ 53, 74, 182
dNTP 194
dTTP 91
dUTP 91

E～H

E. coli 174
episomal plasmid 172
episome 171
ES細胞 59, 82, 168
E部位 112
G_0期 63
G_1期 62
G_2期 63
gene 2, 155
gene cloning 174
gene family 165
genome 155
GGR 74
GNC 133
GTF 96, 141
GTP 91, 100
guide RNA 151
Gwl 69
HAT活性 142
hnRNA 125
Human Genome Project 156

I～N

Inborn Errors of Metabolism 6
Induced Pluripotent Stem Cells 169
interspersed element 165
iPS細胞 82, 168
IPTG 210
JM109株 209
Klf4 169
lac promoter 209
LacA 136
LacY 136

LacZ 136
lacZ 209
LINE 165
lncRNA 147
long interspersed element 166
long noncoding RNA 147
MCS 210
micF RNA 147
miRISC 148
miRNA 130, 147, 148
MPF 69
mRNA 36, 57, 89, 97, 142, 205
mRNA 前駆体 98
mRNA 前駆体分子 127
MutH 76
MutL 76
MutS 76
M 期 63
N- ホルミルメチオニン 103
NGS 157
NH_2 基 103
NTP 91
nucleic acid 4
nucleoside triphosphate 91
N 末端 103, 111

O～R

Oct3/4 169
OGG1 74
OH 基 24
one gene-one enzyme hypothesis 5
operon theory 136
ORF 129
p53 70
PARP 74
PCR 52, 160, 183
plasmid 171, 174
pol I 142
poly-A tail 127
poly（A）鎖 130
pseudogenes 165
pUC19 209
P 部位 112
QYI 224
repetitive sequence 165
RFLP 59, 181, 220
RI 203
RISC 150
RNA 5, 25, 38, 40
RNase 150, 203
RNA 依存性 DNA ポリメラーゼ 40
RNA 干渉 148, 149
RNA スプライシング 147
RNA プライマー 51
RNA プロセシング 127
RNA 分解酵素 203
RNA ポリメラーゼ 87, 89, 136
RNA 誘導サイレンシング複合体 150
RNA ワールド 133
RN アーゼ 101
RPA 74
rRNA 89, 105, 142, 147
RT-PCR 法 184
R 型菌 10
R 点 62

S～Z

SCF 68
SDS-PAGE 204
SDS- ポリアクリルアミド電気泳動 204
SD 配列 128, 143
siRNA 150
SNP 181
Sox2 169
SSCP 181
ssDNA 45
STR 220
STS 160
S 型菌 10
S 期 63
T_2 ファージ 14
TAF 142
tandemly repetitive sequence 165
TATA-binding protein 96
TATAAAA 96
TATA 結合タンパク質 142
TATA 配列 96
TATA ボックス 96, 132, 142
TBP 96, 142
TFII 142
TFIID 142
TFIIH 74
TMV 38, 184
Trace DNA 222
tracrRNA 151
tRNA 89, 105, 142, 147
$tRNA^{Arg}$ 113
$tRNA^{Met}$ 113
UTP 91
UV 照射 202
X-gal 210
XRCC1 74
X 線回折 3
YAC 160

あ行

アウストラロピテクス 226
アオカビ 207
アカパンカビ 7
アガロース 185
アガロースゲル 203
アガロース電気泳動 203
アクチベーター 141
アクチン遺伝子 78
アスパラギン 122
アスパラギン酸 106, 133
アセチル化 144, 145
アセチル基 145
アダプター分子 120

アデニン ……… 24, 35, 100, 122
アデノウイルス ………… 97
アデノシン三リン酸 …… 91
アポトーシス …………… 76
アミノアシル AMP ……106
アミノアシル tRNA ……106
アミノアシル tRNA 合成酵素 …………106
アミノ酸 …………… 3
アミノ酸メチオニン ……124
アミノ末端 ……… 103, 124
アミラーゼ遺伝子 ……… 78
アメロゲニン型分析 ……221
アラニン …………133
アラビノース …………139
アルカプトン尿症 ………… 6
アルギニン …………125
アルギニン要求株 ………… 8
アンチコドン ………… 112
アンチセンス鎖 …… 36, 87
アンピシリン …………176
アンピシリン耐性遺伝子 …………176
アンフィンセン ………… 115
鋳型 ………… 36
鋳型鎖 ………… 88
イソプロピル-1-チオ-β-ガラクトシド ……… 209
イソロイシン …………125
一遺伝子一酵素説 ………… 5
一遺伝子一ポリペプチド説 ………… 9
一塩基多型 ………… 181
一次抗体 ………… 204
一次転写産物 …………218
遺伝暗号 …………120
遺伝子 …………2, 22, 154
遺伝子組換え ………58, 205
遺伝子クローニング …………58, 174
遺伝子操作 ………… 207
遺伝子多型解析 ………… 59
遺伝子治療 ………… 225
遺伝子の継承 ………… 76
遺伝子の運び屋 ……… 207
遺伝子発現 ……… 104, 125
遺伝子ファミリー 162, 165
遺伝的多型 …………180
遺伝物質 ………… 2
イヌの大きさを決定する遺伝子 …………182
インスリン … 115, 205, 225
インスリン様成長因子 …182
インターフェロン …… 225
インターロイキン …… 225
イントロン …97, 125, 129, 162, 205
ウイルス ………… 98
ウエスタンブロッティング法 ………… 204
ウラシル ………… 24
ウリジン三リン酸 ……… 91
栄養要求株 ………… 8
エキソヌクレアーゼ ……175
エキソヌクレアーゼ活性 40
エキソン ………… 97, 99
エピジェネティクス … 224
エピジェネティックメモリ …………147
エピソーマルプラスミド …………172
エピソーム …………171
塩基 ………… 5, 23
塩基除去修復 ………… 74
塩基対数 …………187
塩基対 ………… 22, 35
塩基対の長さ …………187
塩基の相補性 ………… 35
塩基配列 ………… 35
塩基配列の解析法 ………188
エンサイクロペディア計画 …………157
猿人 ………… 226
エンドヌクレアーゼ …………74, 174
王立科学アカデミー ……215
オートファゴソーム …… 117
オートファジー ………… 117
オートラジオグラフィー …………193
オープンリーディングフレーム …………129
岡崎フラグメント ……… 49
オキソグアニングリコシラーゼ-1 ………… 74
オトガイ ………… 226
オペレーター …………136
オペロン …………136
オペロン説 …………57, 136
オミクス …………218
オミクロン株 ………… 224
親ファージ ………… 19
オルニチン ………… 8

か行

開始 …………113
返し縫い法 ………… 46
化学修飾 …………144
化学発光法 ………… 204
核 ………… 22, 97
核小体 ………… 111
核酸 ………… 4
核酸切断酵素 ………… 74
核膜孔 ………… 111
核膜孔複合体 ………… 101
加水分解 ………… 107, 136
カタボライト抑制 ………137
活性化因子 …………139
活性をもつインスリン … 115
ガラクトース …………136
カルス ………… 225
カルボキシ末端 …………103
眼窩上隆起 ………… 226
間期 ………… 63
幹細胞 ………… 79
緩衝液 …………185
偽遺伝子 …………165
基本転写因子 …………74, 96, 131, 141
逆転写酵素 ………… 40
逆平行 ………… 35

キャップ……100
キャップ構造…… 130, 143
求核攻撃…… 25
休止期…… 222
凝縮……146
供与核…… 78
キラー T 細胞 …… 224
筋細胞…… 78
グアニン
…… 24, 35, 122, 133
グアニンヌクレオチド……127
グアノシン三リン酸…… 91
組換え DNA 分子……174
グリコシド結合…… 23
グリシン…… 122, 133
クリスパー・キャスナイン
……215
グルコース……136
グルコース効果……137
グルタミン……122
グレイトウォール…… 69
クローニング……174
クローン…… 78
クローンヒツジ…… 79
グロビン遺伝子……183
クロマチン…… 22
クロマチン構造…… 144, 147
クロマチン繊維……144
クロラムフェニコール
…… 207
形質転換…… 4
ゲノミクス……218
ゲノム……154
ゲノム・インプリンティング
…… 225
ゲノム解析…… 58
ゲノムの地図作り……160
ゲノム編集…… 215, 223
ゲノムライブラリー……180
ゲル電気泳動…… 160, 202
原核生物…… 125, 136, 161
現生人類ホモ・サピエンス
…… 226
検量線……187
コファクター能……142
コアプロモーター……142
抗原…… 204, 224
恒常性維持…… 118
構成的……107
抗生物質…… 206
酵素活性…… 204
高度反復配列……165
酵母人工染色体……160
コーディング領域……129
コード配列…… 118
コールド・スプリング・ハー
バー研究所…… 14, 50
古細菌…… 98
コザック配列……128
コスミド……160
コドン…… 120, 121, 133
子ファージ……14, 19
個別医療…… 227
コラーゲン遺伝子…… 78
ゴルジ体…… 116
コロニー……210
コンセンサス配列…… 95

さ行

サイクリック AMP ……137
サイクリン B-Cdk1 …… 69
サイクリン依存性キナーゼ
…… 66
再生医療…… 79, 82
サイトゾル…… 101, 127
細胞…… 22
細胞核…… 5
細胞死…… 76
細胞質…… 111
細胞周期…… 62
細胞内共生説…… 60
サザンブロッティング法
…… 202
サザンブロット法…… 202
サテライト DNA
…… 162, 181
サブユニット…… 111
サンガー法…… 157, 191
散在型反復配列…… 162, 165
シークエンス……160
シーケンサー……221
色素欠乏症…… 6
シグナル配列…… 115
ジゴキシゲニン…… 203
自己複製……154
指掌紋…… 222
自食作用…… 117
シス……132
シスエレメント……132
シスチン尿症…… 6
次世代シークエンサー
…… 157, 226
シチジン三リン酸…… 91
ジデオキシヌクレオチド
……188
ジデオキシ法…… 191
ジデオキシリボヌクレオチド
3 リン酸……193
自動機器分析……221
シトシン
…… 24, 35, 122, 133
シトルリン…… 8
シャイン・ダルガノ配列
…… 128, 143
シャペロン…… 115
シャルガフの法則…… 35
終結…… 113
重合反応…… 48
終止コドン…… 113, 124
重力加速度……105
縦列型反復配列…… 162, 165
宿主核…… 78
受精卵…… 80
小サブユニット…… 105, 207
小胞体…… 116
女王バチ…… 225
真核生物…… 22, 45, 97, 111,
141, 161
新型コロナウイルス……184
伸長…… 113
伸長フォーク…… 45
水酸基…… 24

ストレプトマイシン …… 111, 207
スプライシング …… 87, 97
スプライソソーム …… 98
制限酵素 …… 58, 174, 179, 208
制限酵素断片長多型分析 …… 220
成熟 mRNA …… 100
生殖工学 …… 80
生殖細胞系列遺伝子治療 …… 225
正の調節 …… 139
生命工学 …… 80
繊維芽細胞 …… 82
染色体 …… 5, 22, 145, 154
染色体外 DNA …… 171
染色体中央 …… 162
センス鎖 …… 36, 87
選択的 …… 118
選択的遺伝子発現 …… 141
選択的スプライシング …… 98
センチュウ …… 149
先天性代謝異常 …… 2, 6
セントラルドグマ …… 56, 86
セントロメア …… 162, 166
全能性 …… 78, 79, 82, 225
相補的 …… 35

た行

ターミネーター …… 93, 131
ターンオーバー …… 147
体細胞遺伝子治療 …… 225
体細胞型 …… 82
体細胞クローン胚 …… 79
大サブユニット …… 105, 207
代謝産物 …… 218
代謝中間体 …… 218
大腸菌 …… 14, 136, 174, 209
だ腺細胞 …… 78
脱アミノ化 …… 25
タッチサンプル …… 222
多能性幹細胞型 …… 82
タバコモザイクウイルス …… 38, 184
タバコモザイク病 …… 184
短鎖 …… 49
タンパク質 …… 2
タンパク質脱リン酸化酵素 …… 69
タンパク質リン酸化酵素 …… 69
タンパク質ワールド …… 133
単離 …… 203
チェックポイント …… 70
逐次的合成 …… 48
チミン …… 24, 35
中心教義 …… 56
長鎖ノンコーディング RNA …… 147
調節タンパク質 …… 136, 141
沈降定数 …… 105
チンパンジーのゲノム …… 202
通常系統 …… 78
低分子 RNA …… 98, 148
テーラーメイド医療 …… 227
デオキシアデノシン三リン酸 …… 54, 91
デオキシウリジン三リン酸 …… 91
デオキシグアノシン三リン酸 …… 91
デオキシシチジン三リン酸 …… 91
デオキシチミジン三リン酸 …… 91
デオキシヌクレオチド三リン酸 …… 194
デオキシリボース …… 23
デオキシリボ核酸 …… 154
デオキシリボヌクレオシド三リン酸 …… 54
デオキシリボヌクレオチド …… 24
テトラサイクリン …… 111, 207
テロメア …… 162, 166
テロメラーゼ …… 40
転移 …… 163
転移 RNA …… 89
転移因子 …… 163
電気泳動 …… 185
転写 …… 56, 87, 147, 203
転写開始点 …… 95, 96
転写開始前複合体 …… 142
転写後調節 …… 126
転写終結 …… 94, 131
転写調節 …… 125, 136, 141
転写調節因子 …… 131
転写調節領域 …… 141
転写の開始点 …… 128
転写複合体 …… 141
同位体 …… 42
糖鎖 …… 116
糖タンパク質 …… 116
ドデシル硫酸ナトリウム …… 204
トポイソメラーゼ …… 55
トランスファー …… 203
トラフグ …… 161
トランス …… 132
トランスエレメント …… 132
トランスクリプトーム …… 218
トランスクリプトミクス …… 218
トランスジェニック生物 …… 58
トランスポゾン …… 162
ドリー …… 80
トリプトファン …… 125, 138
トリプレット …… 36, 120
トレオニン …… 122

な行

内部細胞塊 …… 168
ナイロン膜 …… 202
二次抗体 …… 204
二重らせん構造 …… 22, 29, 35
ニトロセルロース膜 …… 202

乳腺細胞……79
任意……133
ヌクレイン……4
ヌクレオシド……23
ヌクレオシド三リン酸……87, 91
ヌクレオソーム……22, 144
ヌクレオチド……23
ヌクレオチド塩基……35
ヌクレオチドの除去修復……74
ヌクレオチドの付加（重合）……40
ネアンデルタール人……226
ネイチャー……29
ノーザンブロッティング法……203
ノンコーディング RNA……147

は行

肺炎双球菌……10
胚性幹細胞……59, 82
胚発生……80
ハイブリダイズ……97, 203
ハイブリダイゼーション……160, 202
配列……97
ハウスキーピング遺伝子……141
バクテリオファージ……13
発現調節……141
発現パターン……203
発色法……204
発生……202
バッファー……185
バリン……133
反復配列……161
半保存的複製……41
非RI法……204
非鋳型鎖……88
ヒスチジン……122
ヒストン……22
ヒストンテイル……144
非選択的……117
ヒトインスリン遺伝子……205
ヒトクローン規制法……80
ヒトゲノム……202
ヒトゲノム計画……156
ヒトヘモグロビンサブユニット……165
皮膚細胞……78
非翻訳 RNA……104
非翻訳領域……127
標準曲線……187
ファクター X……223
フェニルアラニン……121
フォールディング……115
複製……56
複製起点……44
複製装置……45
複製単位……45
複製フォーク……45
物質交代……154
物質流転……218
負の調節……139
プライマー……40, 51, 91, 191
プライマーゼ……51
プラスミド……58, 160, 171, 174
プリブナウ配列……95
プリン塩基……128
ブルーホワイトセレクション……176
プロインスリン……115
プローブ……202
プロセシング……116, 126
プロテアソーム系……117
プロテインキナーゼ……69
プロテインフォスファターゼ……69
プロテオーム……218
プロテオミクス……59, 218
プロモーター……87, 91, 93, 131, 136, 138, 209
プロリン……122
分化……79
分解……126
分散的複製……41, 44
分泌タンパク質……116
分裂期促進因子……69
ヘアピン構造……95, 131
平滑末端……179
ベクター……207
ペチュニア……150
ヘテロ核 RNA……125
ヘテロクロマチン……146
ペニシリン……207
ペプチド……224
ペプチド結合……102
ペプチド鎖……103, 207
ヘモグロビンタンパク質……183
ヘリカーゼ……55, 74
変異株……7
変異系統……78
編集……147
ベンゼン環……26
ペントース尿症……6
方向性……129
放射性同位元素……14
放射性同位体……203
ポストゲノム時代……118
ホスホエステル結合……23
ホスホジエステル結合……24
保存的複製……41, 43
ホモゲンチジン酸オキダーゼ……7
ポリ A 鎖……100
ポリ A テール……127, 130
ポリ A 配列……143
ポリ A 付加シグナル……127
ポリアデニル化シグナル……130
ポリウラシル……121
ポリシストロン性 mRNA……142
ポリペプチド……122
ポリペプチド鎖……102, 111
翻訳……56, 87, 104, 124, 125, 147

翻訳後修飾……116

ま行

マイクロRNA……130
マイクロサテライト…220
膜タンパク質……116
マックス・プランク感染生物学研究所……215
末端複製問題……55
マルチクローニングサイト……210
未受精卵……79
ミジンコ……161
ミスマッチ修復……75
ミツバチの雌バチ……225
ミトコンドリアDNA…155
ミトコンドリアrRNA…59
ミトコンドリアtRNA…59
ミトコンドリアゲノム……60, 125
ミニサテライト……162
未分化……79
未メチル化……76
娘細胞……80
メタボローム……218
メタボロミクス……218
メチオニン……103, 125
メチル化……144, 145, 224
メチル基……145, 224
メッセンジャーRNA…57
免疫……202
メンブレン……202
毛髪資料……222
文字配列……160
モノシストロン性mRNA……143
モノヌクレオチド……175

や行

薬剤耐性……206
野生株……7
山中因子……82, 168
ユークロマチン……146
有糸分裂……64
輸送……126
ユビキチン……117
ユビキチン化……117
ユビキチンリガーゼ……68
ゆらぎ……107
ゆらぎ説……106
読み枠……129

ら行

ラギング鎖……51, 91
ラクターゼ……136
ラクトース……136, 209
ラクトースオペロン……136, 209
ラクトース分解酵素……136
卵割……80
リーディング鎖……51, 91
リガーゼ……209
リシン……122
リストリクション・エンザイム……208
リソソーム系……117
リプレッサー……136, 138, 141, 210
リプログラミング因子…82
リボース……24
リボザイム……98
リボソーム…38, 111, 207
リボソームRNA……89
リボソームRNA遺伝子……111
リボヌクレアーゼ……101
リボヌクレオチド……24
両方向性……46
リン・ダルガノ……128
リン酸……23
リン酸基……24
リン酸ジエステル結合…175
倫理委員会……215
ルーズな対合……124
レトロトランスポゾン…163
レプリコン……45
連結ペプチド……115
ローヤルゼリー……225
ロックフェラー研究所…11

人名

アルトマン，リヒャルト … 5
アルバー，ウェルナー …… 208
池原健二 …… 133
石井哲也 …… 217
石野良純 …… 216
ウィルキンス，モーリス …… 3, 32
エイブリー，オズワルド …… 4, 11
エバンス，マーティン …… 82, 168
岡崎令治 …… 39, 48
ガードン，ジョン …… 77
カウフマン，マシュー …… 82, 168
ガモフ，ジョージ … 37, 120
ガロット，アーチボルド … 2
ギャロッド …… 6
クリック，フランシス …… 22, 27, 28, 32, 86, 120
グリフィス，フレデリック …… 10
ケンドリュー，ジョン … 34
ケンドルー …… 3
コラーナ，ハー・ゴビンド …… 122
サザン，エドウィン … 202
サンガー，フレデリック …… 191, 193
サンジャル，アジズ …… 76
シャープ，フィリップ … 50
シャイン，ジョン …… 128
ジャコブ …… 57, 136
シャルガフ …… 22, 28
シャルパンティエ，エマニュエル …… 215
ジョーゲンセン …… 150
スタール，フランク …… 41
スミス，ハミルトン … 208
ダウドナ，ジェニファー …… 215
多田高 …… 82
田中耕一 …… 59
チェイス，マーサ・カウルズ …… 14, 50
テータム …… 7
デルブリュック，マックス …… 27, 50
トムソン，ジェームズ …… 82, 168
中田篤男 …… 216
ニーレンバーグ，マーシャル・ウォーレン …… 121
ハーシー，アルフレッド・デイ …… 14, 50
ハント，ティモシー …… 67
ビードル …… 7
ファイアー …… 149
ファージ・グループ …… 50
レヴィーン，フィーバス … 5
ブラッグ父子 …… 3
フランクリン，ロザリンド …… 3, 32, 38
ブレナー …… 120
フレミング …… 207
ペルツ …… 3
ポーリング …… 22
マーティン，ゲイル・R. …… 82
マクリントック，バーバラ …… 50, 163
ミーシャー …… 3
メセルソン，マシュー … 41
メロー …… 149
モドリッチ，ポール …… 76
モノー …… 57, 136
山中伸弥 …… 82, 168, 223
リンダール，トマス …… 76
ルリア，サルバドール …… 27, 50
レーダー，ロバート・G. …… 89
ロバーツ，リチャード … 50
ワトソン，ジェームズ …… 22, 27, 32, 38, 50, 86, 227

●著者紹介

大森　茂（おおもり しげる）

東北大学大学院理学研究科博士後期課程修了。理学博士。
大学で分子生物学や分子生理学を教える一方，大手予備校で大学編入試験や東大・難関医学部受験の生物を教える人気講師。「生物は暗記科目ではない」と熱く主張する。
まとまった休みが取れれば八ヶ岳や南アルプスを縦走し，最近は北アルプスまで足をのばすことも。時間があればサッカー場のウェーブの中でひときわ激しく踊るサポーターと化する，ヒト科ヒト属のアクティブ種。
著書は『改訂版 大学１・２年生のためのすぐわかる生物』『大学１・２年生のためのすぐわかる演習生物』（以上，東京図書），『大森の生物論述問題の解き方』（東京書籍），『東大の生物 25 ヵ年』（教学社），『5週間入試突破問題集基本生物ⅠＢ・Ⅱ重要事項』（開拓社）など。

大学１《だいがくいち》・２年生《にねんせい》のためのすぐわかる分子《ぶんし》生物学《せいぶつがく》

2022 年 10 月 25 日　第１刷発行

Printed in Japan

著　者　大森　茂
発行所　東京図書株式会社
〒 102-0072　東京都千代田区飯田橋 3-11-19
電話●03-3288-9461
振替●00140-4-13803
http://www.tokyo-tosho.co.jp

ISBN 978-4-489-02393-4